正向思考

多维观世界·正向看人生

梦子清◎著

台海出版社

图书在版编目（CIP）数据

正向思考 / 梦子清著. -- 北京 ：台海出版社，
2024. 6. -- ISBN 978-7-5168-3891-4

Ⅰ．B848.4-49

中国国家版本馆 CIP 数据核字第 2024H22B03 号

正向思考

著　　者：梦子清

责任编辑：王　艳　　　　　　　　　封面设计：回归线视觉传达

出版发行：台海出版社

地　　址：北京市东城区景山东街 20 号　　　邮政编码：100009

电　　话：010-64041652（发行，邮购）

传　　真：010-84045799（总编室）

网　　址：www.taimeng.org.cn/thcbs/default.htm

E - m a i l：thcbs@126.com

经　　销：全国各地新华书店

印　　刷：香河县宏润印刷有限公司

本书如有破损、缺页、装订错误，请与本社联系调换

开　　本：880 毫米 × 1230 毫米　　　1/32

字　　数：180 千字　　　　　　　　印　　张：6.75

版　　次：2024 年 6 月第 1 版　　　　印　　次：2024 年 6 月第 1 次印刷

书　　号：ISBN 978-7-5168-3891-4

定　　价：68.00 元

献给身陷负面情绪时刻的你

希望《正向思考》成为点亮每一个黑暗时刻的灯塔！

以辩证思维，为负面情绪提供正向思考法

帮助你养成正向思考的习惯！

　　我给自己贴了三个标签，分别是创业者、思考者和追梦者。

　　不知不觉中，我已经走过了 30 多年的人生路程。在过去的这些年里，我一直都在积极努力地工作和生活，但还是遭遇了很多不如意的事情，引发了许多负面情绪，比如，贫困的原生家庭让我感到自卑，小时候没条件读书、没有上大学的遗憾让我陷入抑郁，创业路上的各种不如意让我产生了无数的焦虑与恐慌……所有这一切纠缠着我，让我一度缺少了前行的力量，甚至还出现了重度抑郁，对未来充满了焦虑。

　　后来，通过我的不懈努力，幸而事业小有成就，曾经设定的目标也算已经实现。比如，拥有了自己研发的产品、品牌、团队、实体工厂、房产、家庭等，但我却感受不到成功带来的快乐和幸福，我时常觉得自己是悲惨的、不幸的，甚至患得患失，担心得而复失或得不到自己想要的。我困顿而焦虑，逐渐陷入一个负向循环。

　　不过万幸的是，通过长时间的深度思考与自我觉醒，我终于

1

实现了自我救赎，而其中核心就是正向思考！

通过深度学习研究后我发现，正向思考可以化解生活和工作中所有的问题和负面情绪，因此，特写此书跟大家分享，来共同学习。

在研究正向思考前，我多数时间都在思考人生的意义究竟是什么。这个问题，其实是所有人的人生课题，是人生的总开关，更是正向思考的基础，因此，我想先跟大家做个分享。

"人生的意义是什么？"这个自人类诞生以来便被无数人追问的问题，时至今日，仍然没有形成统一的答案，我相信即使在数万年以后也不会有！

自古以来的哲学家、思想家以无上的智慧、非凡的立场，审视着人类社会，阐述着人生的渺小、短暂和虚无，本意是引导人们为善向上，却也被人们理解成"人生没有意义"。

由这个问题所产生的诸多答案及思想文化，如不能领悟通透，就容易产生焦虑、纠结、迷茫……努力奋斗，执着于物质财富的拥有，终又带不走一片云彩；"躺平"，却又无法面对现实的人间烟火；执着于得不到的，只会让我们痛苦不堪；风轻云淡，在现实世界里又无法不卑不亢。那么，我们到底该怎么活？人生的意义到底是什么？

古往今来，有无数的大师和凡人，已经定义了人生的意义，比如，幸福、快乐、健康、长寿、富有；生儿育女，孩子有出息，一生为儿女；为社会、为国家、为人类、为改变世界做贡献；等等。这些积极向上的努力激励着人们去改变与超越，推动着人类社会不断进步与发展。

生而为人，家庭、组织和社会赋予了我们责任与使命，随着时间、空间和身份的改变，我们会产生不同的价值意义。子女、学生、恋人、员工、老板、丈夫、父母……每个人都有着天然的责任与意义，我们应站在自己的物理空间，思考如何在属于自己的世界里定义自己的价值意义，学习和研究其中的原理、法则和秩序，让每个个体都能在这里发光发热，点亮和照耀更多的人。

地球上的人事物，会由于维度、时间和空间的不同而不同，比如，一块石头，它可以是石头、艺术品，也可以是碳酸钙、石灰、铺马路用的碎石等，有着不同的定义和价值。再如，一个人，在父母面前是子女，在子女面前是父母，在家是家长，在社区是居民，在公司是员工或老板……在不同的场合空间，他（她）会被赋予不同的定位和身份。

人的认知，永远都无法达到全部或绝对正确。过去和未来都是虚无、不可捕捉的，唯有当下能切实感受到，因此，接纳并感恩所有的存在与发生，才能找到最有利于当下和未来发展的目标，最终实现超越与进化的正向思考。

正向思考，既不是"阿 Q 精神"式的自我安慰，也不是知足常乐，更不是成功学，而是一种辩证思维逻辑。应该是尊重和接纳所有的发生，从更多维度和空间，全面学习和认知事物，为实现目标提升认知与思考方法。

洞察人生百态，学习正向思考，以生而为人的立场，深度剖析人生不同角色的价值意义。如果从人性的需求结构与需求变化规律，就能简单地去了解人性的需求与变化，就能找到属于自己的幸福密码。期望本书可以为你点亮心灯，启迪梦想，绽放生命的光彩，获得幸福安宁的美好生活！

目 录

六、方法篇——训练正向思考的九个步骤

七、实践篇——正向思考幸福人生的八大应用

一、现象篇——洞察人生百态

有个朋友曾经对我说："一个人最大的缺点就是不缺钱！"当时，我觉得有些无法理解。但多年的经历告诉我，这句话有一定的道理，因为很多人都说："我最大的缺点就是缺钱！"有些人甚至还直言："这个缺点会给我们带来焦虑、恐惧、自卑、疲倦、疾病……"

其实，这句话失之偏颇。当今时代是最好的时代，物质极大丰富，我们应该心存感恩。可是，有多少人对美好的时代怀有感恩之心？又有多少人感到自己幸福？当物质条件被满足后，你还需要什么？你还缺少什么？你的物质以外的人生需求被满足了吗？是被满足了，还是从未想过，抑或感到无比匮乏……

人生百态，迷失与迷茫无处不在。只有细微洞察人生，才能宠辱不惊，遇到更好的自己！

财富与幸福的关系

2012 年，中央电视台推出《走基层百姓心声》特别调查节目"幸福是什么？"。记者分赴各地采访，对象涉及几千名各行各业的工作者，包括城市白领、乡村农民、科研专家、企业工人等。一时间，"幸福"成为媒体的热门词汇，大家给出的答案也是五花八门。

十多年过去，你给出自己的答案了吗？

之所以要在开篇讲财富与幸福的关系，是因为在物质极大丰富的时代，很多人都觉得只要财富自由了就是幸福的，但现实是，无数人穷极一生追求财富，付出很多，努力更多，虽然获得了大小不一的财富，却终究没有换来幸福。

身处盛世年华，人们的经济状况与过去相比也已经发生了翻天覆地的改变，可我们的欢乐与幸福状态并未跟着改变。物质满足了，但我们对于幸福和快乐的定义却不同了。我们什么都有，有房子，有车子，有票子……就是没有幸福，我们成了"不幸福"的一代。

　　某房地产的老板身价数百亿，指点江山，叱咤风云，被无数人羡慕，可就幸福感而言，他也许还不如楼下搞卫生的阿姨。对于搞卫生的阿姨来说，在垃圾桶里捡到能够售卖 10 元的塑料瓶，她就能连续几天脸上挂着幸福的笑容；而房地产老板却会为今年只赚到 9 个亿（目标是 10 个亿），或隔壁老板赚了 100 个亿，或行情不好身家缩水 10 个亿，而感到焦虑恐惧。

　　回忆 30 年前儿童时期的农村生活，街前巷后的欢声笑语，纯粹而简朴。夏天烈日炎炎，但大人们依然要在田地里干农活，无论多忙多累，闲暇间总会吹起欢乐的口哨或拉响二胡，小巷里到处飘荡的都是和谐的笑声。然而当我们住进小洋房后，这样的笑声却消失了，取而代之的是满脸忧愁，即使行走在路上，我们也将一张脸绷得紧紧的，只顾着低头走路。

　　2010 年村里建祠堂，为了给祠堂增添一点光彩，我捐赠了一对大石狮，可是近年来却有村民说，那对狮子给我们家带来了红运，我们家更富裕了，他们却依然穷酸，觉得好运都被我们家占了。于是，在 2022 年的一个深夜，倾盆大雨也没能阻挡某个村民的躁动，偷偷地用铁锤砸掉了这对石狮。

　　这种对比之后的不幸福感，变成了嫉妒和仇恨。他们根本就不知道，2003 年手中只有 29 元的我是如何实现财富小自由的；

他们更不知道，生活在社会最底层的我，既没学历，也没背景，这些年都经历了什么，越过了多少坎坷，克服了什么困难，只觉得我的好运源于石狮的护佑。

确实如此！很多人的不幸，多半都源于他们不会思考如何致富，不懂得如何适应当下的社会，只觉得自己时运不佳。他们将自己的不幸归因于别人的剥削和欺压，不停地抱怨或破坏。这类人，即使成了村里首富，也不可能感到幸福，因为成为村里首富后，他们还要面临乡里首富、县里首富、全市首富、全省首富，乃至世界首富……

财富是物质时代重要的组成部分，但不是全部。除了物质财富外，健康、家庭、工作、经验、认知、精神等也是财富。而幸福是个人心里的感受和状态，心境决定幸福。

如果用一个简单的数学公式来表示幸福，那就是：你所拥有的—你所想要的 = 幸福。

通过这个公式可知，创造更多拥有的，降低自己想要的，幸福值就高；如果想要的大于拥有的，幸福就会变成负数。

现实中，对于"你所拥有的"资产，多数人都视而不见，从不盘点，只等失去了才觉得珍贵。比如，眼耳鼻舌、手脚、健康、身体、阳光、空气……

对于一个生病的人来说，只要恢复健康，就会感到很幸福。其实，相比已故的人，他们也是幸福的。

对于战场上拿命厮杀的士兵来说，只要能恢复和平，他们就会感到幸福。其实，对比受伤或已牺牲的士兵，他们也是幸福的。

幸福一生是所有人的目标！财富是幸福的基石，但要坚持自己对于幸福和财富的标准与定义，人云亦云，只会受到世人的不屑或冷落。

其实，追求财富和追求幸福的道路，本身就是幸福的。因此，无论有多少金钱，你都可以成为一个富有的人；无论你的财富有多少，你都可以成为一个幸福的人。

愿你开启幸福的智慧！

清一清　无往而不胜

1. 你所拥有的－你所想要的＝幸福

2. 财富＝幸福的一部分

3. 穷极一生追求幸福，而不只是财富，因为幸福＞财富！

理一理 ▶▶ 我的拥有和想要？

_____

_____

财富自由为何也抑郁

2023 年 7 月 5 日，娱乐圈发出一条令人震惊的消息：华语乐坛知名歌手李玟因患抑郁症离开了我们。这个消息虽没有像 10 年前张国荣得抑郁症去世般引发惊涛骇浪，但在朋友圈和网络上也满是唏嘘和惋惜之声。

多年来，李玟在事业上取得了让人望尘莫及的成就，她是第一个登上奥斯卡颁奖舞台的华人歌手，是第一个 NBA 开幕式现场献声的华语女星，是第一个参与迈克尔·杰克逊演唱会的亚洲女歌手，被美国《时代周刊》评为华人之光……她爱家，爱父母，忠于家庭与感情，甚至对老公前任的两个女儿也视如己出，心中有爱的她却没有好好爱自己。

李玟留给我们的除了美妙的歌声、动人的表演，还有她的正直善良与忠诚、笑容与热辣。但笑容只是一种表情，并不等于内在的真实心情，她在舞台上完美呈现，以至于我们都一度以为她的内心和她的外表一样火辣、奔放、阳光，充满了激情。但几乎没有人知道，在她那曼妙的舞姿下是残缺的身体和破碎的心灵，明艳闪耀的背后是多年的病痛折磨。她把激情四射的表演留给了观众，却独自带着巨大的失望黯然离去。

人们无法理解，那么阳光的她怎会如此？其实，安慰别人的人最需要安慰，独自强撑的人更需要支撑，最少喊累的人更需要一个宽厚的肩膀。

李玟因抑郁而默然离开，着实令人遗憾、惋惜、怀念、同情……她为何会得抑郁症？为什么她战胜了从小就有的腿疾，在舞台上如此耀眼，却没能战胜看不见的抑郁症？

根据世界卫生组织统计，全世界抑郁症患者有数亿，还不包括中度和轻微的，而每年因抑郁症去世的人超百万，很多广为人知的明星、艺术家、企业家、超级富豪等都患有抑郁症。该病症甚至可能是继心脏病后的人类第二大疾病。

新东方教育科技集团董事长俞敏洪在《星空下的对话》中曾说："每个人离抑郁焦虑只有一步，我们都在半山坡，不小心往下滚，就会形成负向循环，只能一步步往上走。"

其实，抑郁是一种正常的负面情绪，只不过，当这种负面情绪发展到一定程度后，就会演变成抑郁症。而本篇的主题之所以是"财富自由为何也抑郁"，是因为在当前的时代，多数人都在全力以赴地追求财富，坎坷和不如意很常见。而当太多的不如意、焦虑和无能为力叠加在一起时，就容易导致抑郁。

在多数情况下，抑郁和焦虑会同时存在。开始时，财富是一种包袱和重担，如果得不到，就会感到焦虑；之后，经过努力得到了又会担心失去，从而产生更多的焦虑。而要想让财富和追逐财富为幸福加码，就要学习和理解财富的本质。为了财富而忽视了对不良情绪的调整，即使收获了财富，也会受到抑郁的侵扰，得不偿失。

对于抑郁，我感受很深，因为我也曾是一位重度抑郁症患者。原因有很多，起初是原生家庭的贫寒、儿时的经历、无条件读书，之后是择业的艰难、创业的坎坷，以及失败、挫折等。

对财富的追求，对美好生活的无限向往，却又无法实现，让我觉得自己的人生太凄惨。三十多年来，我一直都郁郁寡欢、闷闷不乐，只想睡觉，即使什么都不做，也感到身心疲惫，无法正常生活和工作。后来，我通过自我觉察与反思，学会了接纳一切，学会了感恩，允许自己抑郁，又学会了正向思考，最终实现了自我的和解与救赎。

清一清　无往而不胜 〉〉〉〉

1.抑郁是习惯性的负面思维所形成的匮乏感与缺失感，总是看不足和不够的地方，从而形成的恶性循环。

2. 抑郁是对过往的不满、对当下的无助和对未来没有希望的叠加。

3. 总结过去是为了更好地活在当下、迎接未来，故而万不可沉浸在过去的忧伤中而陷入抑郁。

4. 不要因为财富的得失而抑郁，无论是过去、现在，还是未来！

5. 接纳抑郁情绪是对抑郁最好的治疗，不躲避，不重复，不放大。

理一理 ▶▶ 我想要的积极情绪是什么？

_____

_____

贫困者的焦虑

2020年5月，一个在广州番禺开工厂的多年的好兄弟打电话告诉我一件非常凄惨的事：公司一名员工在网络上贷款13万元，全部玩游戏赌博输掉，无法及时归还贷款，觉得无颜面对父母和周围的人，在出租房里自尽了。他只有22岁。多么年轻的生命，多么悲惨的事情！

　　贫困能够成为扼杀幸福、滋生焦虑的理由吗？

　　今天，很多贫穷的人都无法积极面对生活的压力，比如，生病时无法面对巨额开销，日常无法及时缴纳房租、水电费，生活开支没有着落，再加上信用卡和贷款，有些创业者甚至还要支付工资费用……家无余粮，面对诸多不确定的变化，心里没底气，难免会产生诸多焦虑情绪。

　　在我的记忆中，从一年级开始，我那每学期 30 元的学费都是父亲去邻居亲戚家借的。升入初一后，父亲让我试着自己去借学费，我感到很自卑与焦虑，直到创业成功后也没能从这种不良情绪中走出来。2015 年，我开始做品牌，结果再次失败跌入谷底，就更加剧了这种情绪。多年来我虽然读了很多心灵鸡汤，学了很多心理课程，但依然没有化解这种困顿。难道焦虑是贫困群体的"专利"吗？难道贫困人群就不能拥有幸福吗？

　　焦虑对人的伤害不言自明，轻则让人心浮气躁、焦躁不安、过度紧张担忧、入睡困难、极度敏感、怀疑心重，还伴有肠胃不适等症状；重则不能正常工作，身体出现问题，心理和精神错乱，没有信心面对未来，感到前途无望，自暴自弃，瞧不起自己；严重者还会走向极端。

　　当焦虑让我无法正常呼吸、不能正常生活和工作时，我就开始思考：人为什么会焦虑？焦虑的本质是什么？

在经过无数次思考与觉察后，我得出了自己的结论：焦虑源于精神压力太大、过度担忧、强烈恐惧等因素；对自己的过往和拥有感到不满，对未来感到迷茫和不自信，会加剧对未来的恐惧。焦虑之人的思维和眼光活在未来，会预判未来要发生的事，继而演绎或推演出将要面临的糟糕情况，然后放大，焦虑也跟着一起放大……

其实，焦虑是人与生俱来的，自从有了人类社会，焦虑就一直在驱赶着我们适应自然、改造自然。开始时，人类为虎狼的侵犯而焦虑，于是开始寻找和改建宜居的场所；后来，人类因饥饿而焦虑，于是开始建立和发展生存体系；再后来，为了消除挨冻的焦虑，人类想出了很多抵御寒冷的保暖方法；最后，为了应对贫困的焦虑，人类开始发展经济……其实，人类就是就这样一步步发展起来的。

因此，当我们正向看焦虑时，它可以激发我们不断努力、提升自我、改造世界；可以使我们未雨绸缪，居安思危，对未来有预判性，而不至于事情发生时手足无措。

未来即使依然贫困，也是一种人生体验或一笔财富，是幸福的基石，更是积极向上的最好的警示和老师。它是一种积极向上的动力，会让我们的人生多一种精彩，我们应对其心存感激。

接纳自己是个普通人很难，但只要你能接纳自己是人类中最普通的一员，未来发生与遇到的一切，无论生老病死还是富贵平庸，都是一种自然现象，如此，你就会变得淡然很多。

清一清 **无往而不胜** ►►►►

1.焦虑的本质是对未来的恐惧与不自信。

2.拥抱焦虑、利用焦虑，你将勇往直前。

3.接纳自己是众生中平凡的一员，未来发生与遇到的一切都是一种自然现象。

理一理 ►► 我将如何接纳与利用焦虑？

什么都有了却很空虚

一次在云南大理召开的会议上，40多岁的企业家张总给我们做了分享：

上次创业成功，公司在美国华尔街成功上市，我的身价一下到了几十个亿。

从美国搭班机回国，经过太平洋上空，几小时后到达夏威夷转机。候机时间，我打开手机一看，自己身价涨了 5000 万元，我有些窃喜；从夏威夷再次登机后，我睡了一觉，之后就到了上海。当我再次打开手机时，发现身价又涨了 3000 万元，我很高兴……但连续涨了几次后，我居然没什么感觉了。

我在上海拥有自己的豪宅、豪车和游艇，有两个孩子、漂亮的妻子、幸福的家庭。后来，我退出了公司的管理层，决定用欢乐时光弥补过往创业的艰辛，于是开始跟朋友吃喝玩乐，结果尽享一段快乐时光后，我却总是感到空虚，觉得人生没什么意思。

可见，物质的丰盛并没有让这位企业家变得更快乐、更充实。

现实中，这样的大老板有很多。创业时激情四射，没日没夜地拼命干，生活充实而精彩。可是，当他们真正实现财富自由后，如果没有确定新的目标，一段时间后就容易变得空虚寂寞、百无聊赖，要么环游世界，要么吃喝玩乐，过着花天酒地的生活，直到某一时刻才会痛苦地思索："人生的意义是什么？"

这些人之所以会在目标达成和物质满足后感到空虚，主要是因为他们没有去深入探索和思考人生的本质，忽视了对生命真相的了解。他们在追求物质的道路上，忽视了自己内心的需求结构和变化，没有洞穿世界的真相，认为物质世界是唯一的世界；同时，认知也没有随着财富达到相应的高度和维度，不了解自己的内在需求，不知道自己接下来应该干什么，使得他们在物质达到一定程度后就开始感到空虚。

其实，对于我们来说，只有解决了与自己、与他人、与社会的关系才是完整的，如果某一方面特别突出，可能就会产生空虚感，因为事物的发展规律之一就是此消彼长。他们专注于赚钱，却不知道放松，不知道休息，不懂得享受生活，不知道如何与自己相处，更不懂得如何让自己健康快乐！

坚持辩证唯物主义是当今时代与社会的需求，多数被超现实主义影响的人都会过度解读物质对生命的重要性，但人性完整的需求是螺旋式上升的，除了物质需求，还有心理需求和精神需求，当物质需求被满足后，就要去探究和满足心理和精神世界的需求与建设。

很多人之所以不快乐，主要是因为他们想要的太多，欲望太多。可是，当人们不再有欲望和梦想时，世界又怎能继续发展？人类又该如何进化？欲望，会促使人类为社会做出贡献；什么都不想要，又会变成虚无主义，进而演变成空虚。因此，不要批判自己和他人的欲望，只有修行到半路的人才会怪自己想要的太多。

清一清 无往而不胜 》》》》

1.物质基础决定个人的上层建筑。

2.个人的欲望推动了人类社会的进步与进化。

3.物质建设让我们适应社会、改造自然，精神家园的建设让我们充实快乐。

理一理 ▶▶我将如何让自己变得更加充实？

_____

_____

理想主义者的忧伤

在南京的一次性格心理学课上，有一位毕业于国外名牌大学的海归，跟大家分享了自己的故事：

初入职场，她信心十足，想要将自己最好的一面呈现出来。可是，当她将自己费尽心力设计的自认为最完美、最理想的建筑方案拿给老板时，老板却将其撕碎了，并怒吼道："这哪能落地，哪有这样的理想之城？"

　　那位老板不知道的是，他撕碎的不是她的作品，而是她追寻理想的心。这让她对创作失去了兴趣，再也享受不到创作的欢乐，变成了画图的工具，不敢再有自己的想法和创造性思维。那段时间，她觉得自己的人生无比黑暗，甚至还无数次站到了河边想要结束自己的生命，所幸最终理性占据了上风。断了那种消极的念头后，她还刻意要求自己不去河边和楼顶。

　　我曾经问过一个毕业于中央美院的初中同学，我说，你们的画有没有什么流派或指导思想？

　　那位同学说，基本上有两个方向：一个是批判性思维，一个是引领性思维。批判性思维阐述的核心思想是，批判一些他们认为不足而需要改进的点；引领性思维是，对于理想社会和自然场景的憧憬。二者的共同点是，都想让社会变得更加美好。

　　艺术家多是理想主义者，他们眼中多是理想的人生、理想的社会、理想的世界，少了现实所要面对的竞争。他们是完美主义者，拥有批判性思维，会指出社会的不完美，会促使世界进步。但同时，无休止的负面情绪和处处不完美的现实世界，又让他们显得格格不入，觉得世上没人能理解自己。他们不被理解，不被社会接受。面对现实社会他们的反应要么是批判，要么陷入忧伤或抑郁。

其实，艺术家通常都有一颗纯粹的心，他们会为了心中的理想而全力以赴，但内心都比较脆弱，当他们的理想不被现实和世界认可时，他们就可能选择一些极端方式，因为他们认为理想比生命更重要。因此，这部分群体的抑郁指数较高，比如，荷兰印象派画家凡·高是个伟大的画家，他极度热爱艺术，对艺术痴迷，却没人欣赏或购买他的作品。有生之年他只卖出过一幅画，生活过得穷困潦倒，最终因绝望和贫困而孤独离世。但富戏剧性的是，凡·高的作品，在他死后大放异彩。

其实，艺术家不光创作作品，他们同时也是社会的改造者，是他们让这个世界变得更美，因此他们是值得我们尊重的一群人。

身处科技时代，人们都说"科技改变世界"，但不管哪项科技的突破，都源于人们的梦想或理想。比如，人们渴望像鸟儿一样在空中飞翔，于是发明了飞机；人们梦想了解地球之外的世界，于是就开始探索现代航空航天技术；人们梦想相隔遥远也能面对面聊天，于是有了当代的通信技术；等等。

无论是理想还是梦想，都是改变世界最大的力量！即使当下没有实现，也无须气馁和担心，要坚信总有一天会实现。

为了发明电灯，爱迪生用了 1600 种材料做试验，如果他是个悲观主义者，失败累积的悲观情绪，根本无法让他实现最后一次试验的成功。

因此，每个人都应该勇敢大胆、无惧无畏地筑梦、追梦，令世界变得更美好！

清一清 ）无往而不胜 >>>

1. 理想改变世界。

2. 梦想是世界上最伟大的力量。

3. 没有理想，人和咸鱼有什么区别？

4. 与理想同行，无惧，不忧！

理一理 ▶▶我的理想是什么？（过去、现在、未来）

_____

_____

活在当下

2023 年 7 月 2 日，年仅 47 岁的表哥没能战胜癌细胞，离开了我们，亲人陷入极度的悲伤中。

后来我了解到，在这之前，他在 ICU（重症加强护理病房）

已经抢救了几天。姨妈担心表哥，总是给表姐打电话询问具体情况，但姨妈已83岁高龄，身体不太好，常年药不离身。为了让她少受刺激，避免发病，表姐每次都说没事。

表哥去世后，姨妈的电话依然不断，表姐虽然已经哭成泪人，但依然冷静地跟她说："没事，还在抢救，只是这次情况比较严重。"直到7月4日送表哥上山后大家回到家里，才将这件事告诉她。

姨妈这一生过得很辛苦。她10岁时，父母就离开了她。婚后，她一共生了三个孩子，两个儿子一个女儿，儿女双全的她成了人们羡慕的对象，但她依然没躲开白发人送黑发人的命运。60多岁时，大表哥身患疾病去世；70多岁时，丈夫离开了她；如今83岁，她再次丧子。我们都担心她挺不住，不知道如何是好，只能先瞒着她。在正式告诉她这个消息之前，我们先准备了救护措施。

果然不出所料，她崩溃了，哭了很长时间。大家轮流安慰她、陪伴她，她勉强挺了过来。可是，当亲朋好友都散去后，她又开始大哭。

几天后，我再次去看她，劝慰道："您伤心可以理解，也不用压抑自己的难过，我想问一下您，通常主要想到哪些点、哪些事，您最伤心呢？"

她说："小时候生活穷苦，我依然把他们养得白白胖胖。长大后，我叮嘱他们不要喝酒、不要抽烟、不要吃槟榔，他们却当耳边风。现在生活条件好了，他们却这么早地离开了我，老天对我太不公平了……"

她很思念儿子，心疼儿子年纪轻轻就离开了她，觉得自己很可怜、很凄惨……

然后，我就对姨妈说了以下几句话：

1.亲人已经离去，我们无法改变，他们也不会因为我们的伤心而回来。

2.您没有对不起他们，相反是他们对不起您。

3.回忆和思念过往后，总结一些教训，教育后辈多爱惜身体，沉浸在过往的痛苦中，毫无意义。

4.当下的大家庭里，还有很多人，儿媳妇、孙子、女儿、外甥、兄妹等，为了家人的健康、快乐和幸福，请您一定要保重自己的身体。这也是对已故之人最好的怀念。

5.您当下要想的是：如何才能让自己活到100岁，看到子孙满堂；当我们六七十岁时，依然能叫声"姨妈"，这才是您最幸福的事。

6.以前生活多艰苦，您工作几十年，开始时月工资只有几块钱，退休时才400元，辛苦工作了几十年，也才领了10多万元的工资。现在社会多好，生活条件改善了，按照您现在的退休金，活到 100 岁还能领 100 多万元呢。您用不完，到时再借点给我花花呗……所以，您需要好好保重身体。

大姨听了我的宽慰后，情绪有所缓和，好像想通了一些。

人世间最痛苦的事莫过于亲人的离世，白发人送黑发人更甚。但每个人伤心的点都不一样，要有针对性地安慰人，不能胡乱说些安慰话，这样即使当事人为了面子或出于礼貌不让大家担心，事后还是会伤心和抑郁。

人心都是肉长的，亲朋好友离世，不难过或要求不难过，都是违背人心和人性的，但长期沉浸在痛苦中，不但会对身体造成极大的伤害，还会给身边的亲人造成困扰，影响他们的生活或工作。因此，我们要做的是，不要沉溺于过往，要朝前看，对未来的美好日子充满憧憬，知道当下该如何做，这也是对已故之人最好的怀念。

过去和未来都是虚无的存在，唯有当下才是真实、可捕捉和可感受的存在。

很多人习惯于活在过往的悔恨或成功里，面对当下的世界，感到无力又无奈；有些人习惯于活在对未来的幻想与憧憬中，不能对当下的生活给出实际的解决方案，终其一生都在激情四射地讲述自己的梦想，却总是被现实"打脸"……其实，总结过去的美好或不堪，可以增添我们的经验和认知；怀抱梦想，可以激发我们的动力。但只有当下才是最真实的存在！立足当下，总结过往，怀抱梦想，脚踏实地，捕捉最真实的存在，才能让无数当下的瞬间组合成一生的幸福。

真正的强者内心都是强大的，他们拒绝情绪和精神内耗，不会让自己想太多，更不会让自己陷入严重的抑郁和焦虑中；他们会在反思中汲取经验和教训，但不纠结和沉溺于过去；他们会思考和谋划自己的未来，但不会因为未来的不确定而过度焦虑。

沉溺过去或焦虑未来，都会让自己陷入严重的内耗，一心一意把时间和精力都放在当下，才能让我们能量充足、情绪稳定，远离内耗和焦虑心理。

清一清) 无往而不胜 ▷▷▷

1. 总结过去是为了长智慧，思考未来是为了找方向，终归还是要活在当下！

2. 过去和未来是虚无的，唯有当下才是真实的、可感受的。

3. 真正的强者内心都非常强大，他们会利用情绪让自己更有力量，而不会被情绪消耗能量。

理 一 理 ▶▶ 我该如何活在当下？

活在不同的空间

2010 年 7 月，一个多年没联系的表哥打电话给我，说他在青海西宁的一个大酒店工作，老板打算给酒店换地毯，叫我过去谈这笔业务。我听后立刻购买了一张去西宁的绿皮火车票。因为他是舅舅的儿子，是我亲表哥，非常憨厚，应该不会骗我，而那时的我刚创业不久，肯定不会错过这样的机会。

到达西宁后，接待我的地方当然不是酒店，而是一个挤满 10 多人的出租房。他们温暖、激情、奋进、积极向上的情绪，着实让人无法拒绝，但理性却告诉我，我被带入了传销窝，必须马上离开，否则就会陷入这个漩涡。之后，我借口说去找一个西宁的朋友，才得以脱身。

为了把表哥拉出这个组织，第二天，我打电话约他吃饭，他如期赴约。我直接告诉他，你进了传销组织了，为了家庭、为了老婆和孩子,你一定要出来,今天就跟我回去。

但出乎我意料的是,他反而跟我说:"为了老婆、孩子,我必须留在这里好好干,这里能赚很多钱,这是一个天大的机会,一年后我可以赚2000万元,到那时就能过最上等的生活,送孩子去国外留学,回家买别墅。"他还让我用手机录音,明年的这个时候见证他梦想的实现,还说到时一定请我住五星级酒店,享受最高规格的接待……我知道,他已经被"洗脑",沉浸于对未来无限美好的想象空间里。

为了让他离开,我劝了他两天的时间,可还是失败了。我也问过从传销组织里出来的人,如何才能把他解救出来。对方说,没办法,只能等到他熬不下去了。

事实确实如此。一年后,表哥把带去的盘缠耗尽,也没有发展到什么业务,他的富豪梦更是遥不可及,于是就回了家。

空间有形,思维无限!我们都活在一个有限的三维空间里,目之所及都是物质。现实世界中的事物都遵循一定的规律,我们对事物的认知决定着我们的生活水平与阶层,要想赚2000万元,就得创造超过2000万元的社会价值。虽然个别人一无所长,也通过买彩票中了大奖,但毕竟是少数,对于绝大多数人来说,只有符合社会经济规律、市场逻辑,才是现实世界中最靠谱的活法。

想象、幻想、梦想、设想、假想……这些思维延伸的空间，都能激发人类更多的可能性，就像人类最初幻想飞到天空、登上月球、飞向宇宙，如今都逐一实现。但当我们怀抱梦想时，只有脚踏实地，将梦想化作具体的目标，根据事物发展规律与逻辑，结合实际情况与条件，制订可行的计划，探索实现路径，才能梦想成真！

清一清）　**无往而不胜**　　　>>>

1.现实空间是有限的，思维空间是无限的，想象力是拓展现实空间的根源。

2.怀抱梦想，脚踏实地。

理一理 ▶▶ 我的梦想与对应的目标是什么？

_____

_____

人生为什么而出发

2018年6月，我和一帮好兄弟去西藏旅游。我们从成都出发，沿着318川藏线一路往西到拉萨，整整走了一个星期。我们一边欣赏沿途的美丽风景，一边分享各自在商业领域的心得和诉求，从商业模式到营销、合伙人等。在看到布达拉宫后，也许是被这个圣洁之地洗涤了心灵，晚上到达酒店后，我们聊起了人生和三观，聊到人生为什么而出发，为什么要辛苦努力赚钱。

这个话题是我引发的，大家的回答各有不同。

我问：有个问题我思考了无数遍，但终究没有答案，你们想知道是什么问题吗？在未来的某天，一切都将逝去，人生到底为什么而出发？除了应对生活基本所需，我真不知道赚钱的动力在哪里？

谭总：我觉得人的一生就是经历的总和，赚钱就是为了让自己有足够的资本畅游世界，去做更多的事。

王总：虽然现在实现了财富自由，我却有不配得感，需要更加努力，然后才能去做自己想做的事。

练总（露出不屑的眼神）漫不经心地说：你真是太闲了，居然提出这样无聊的问题，赚钱还要理由？浪费时间！

颜总：我早就咬牙切齿了，为什么要想那么多？就知道想想想，直接干就行了……

我说：不思考这个问题，如果最终所做的不是自己想要的，那不就白折腾了吗？

结果，练总很快就被"打脸"了。在接下来的日子里，他经常会在深夜十一二点发信息或打电话，醉醺醺地嚷嚷："兄弟们，出来聊聊人生，我为什么过得这么辛苦，赚钱的意义是什么？"

这就是典型的价值观冲突！

很多人经常会说："不忘初心，方得始终！"可是，初心究竟是什么？"人生为什么而出发，目的地与意义是什么？"相信很多人都没有想过。从懵懵懂懂开始，我们被告知要努力读书，考个好成绩，考上好学校，然后就业、择业、创业……一入红尘深似海，多数人并未真正想过自己为什么出发、要去哪里，只是一路蒙眼狂奔，而当我们停下来思考这个问题时，已人到暮年。

每个人都有过很多梦想，小时候梦想做个科学家、警察、医生、老师……升入中学后，渴望成为学霸，考取某某名校；步入社会后，渴望追上某个自己喜欢的人……渐渐地，我们忘记了什么是梦想，即使看到"梦想"两个字，也表情麻木；遇到谈梦想的人，甚至觉得他们无聊……

每个人的人生之旅都会随着人内在或外界环境的改变而变化，因为这个世界唯一不变的就是变化，结果走着走着，很多人都迷失了、迷茫了，忘记了自己"到底为什么出发，为什么而努力奋斗"。

任何人都没有资格和权利去定义别人生命的价值和意义，只可以定义自己的，而这也是对生命的敬畏与尊重。但不管如何定义，尽早确立自己的世界观、人生观和价值观，知道"为什么而出发，为什么而战"，才能指引和帮助自己活得更精彩、更充实！

清一清 无往而不胜 >>>

1.每个人都有资格定义自己生活的意义。

2.不要被别人定义自己人生的意义，否则，将是人生中最大的不幸。

理一理 ▶▶ 我对于生活的意义是怎么理解的？

_____

_____

人生旅途与目的地哪个更重要

有个朋友企业做得非常成功，30多岁就实现了财富自由。他白手起家，开了一家传统行业的实体工厂，经过多年的努力，终于成为亿万富翁。但说起他的创业之路，也是历尽坎坷、跌跌撞撞、起起伏伏，他每天工作12个小时以上，没有周末，没有节假日，除了工作就是工作，在他的字典里根本就没有"吃喝玩乐"；他不旅游，不谈生活，个人消费极度节俭，开着十几万元的车，穿着几十元的衣服，吃着十几元的快餐，却引以为傲。

他把所有的时间精力都用在了努力工作、赚取财富上。我说："按照你的花钱速度和观念，你的钱根本就花不完，赚那么多干吗？"他说："等我到 60 岁后就不干了，再慢慢享受生活，环游世界！"

我没有诅咒他的意思，但心想："万一哪天发生个意外，没能活到 60 岁，岂不是亏大了？"

如果把追求财富比喻为挖矿淘金，那很多人就相当于是一直在黑暗的矿井里望着金光闪耀的矿石或憧憬着挖到更多的金矿，却忘记了挖矿的初心，甚至挖到矿后还没来得及享受矿井外的美好生活，就发生了"矿难"。

有些人终其一生都在追求人生的终极目的，尤其是财富目标，有些幸运儿追上了，追到后却余生寥寥，还没过几天好日子就已经人到暮年；有的人年轻时获得了巨大成功，却又制定出了更高目标，于是一路只管向前，从没留意过沿途的风景。当然，也有一些人到老都没有实现目标，或视线仅有前方；还有一些人以终为始，虽然还没有实现目标，但获得了喜悦，快乐地过好每一刻。

　　爬山看日出是最终目的，如果只是把看日出当作唯一的目标，一路辛苦一路酸，到达山顶时，也未必能够收获好的心情。也许看到的日出很美，也许看到的日出很糟糕，没有任何美感可言，也许因为下雨，根本无日出可看……这些都是一刹那的感觉，正确的态度应该是：从开始爬山的那一刻，就享受攀登的每一步，每登上一个台阶，都要欣赏眼前的风景，如此一路都能看到好风景。

　　人生就是一趟单向旅程，目的地各有不同，无论当下如何，都要把当下的人事物当作生命的一部分，用无数个风景组成一生的旅行画卷。如此，无论终点在何处，所到之处都是属于你的重要风景。

（清一清）　**无往而不胜**　▷▷▷▷

1. 以终为始，每一步都可以是幸福的。

2. 人生应有旅途的目的地，也要及时享受沿途的风景。

（理一理）▶▶我是如何看待人生目的地与沿途风景的？

_____

_____

二、分析篇——多维观世界

古语有云："知己知彼，百战不殆。"然而，在我们的一生中，不管是成败荣辱，还是幸福快乐，很多人都不曾从多维度看见和思考过，只是生活在自我主观维度的感受与自以为是的世界里。

不曾看见更大的世界，以为自己所到之处就是世界的全部，自认为的对错好坏美丑就是世界唯一的标准，只要遇到不符合自己认知的事情，就会出现负面情绪，如愤怒、生气、恐惧、焦虑、忧伤等。而真正高认知阶层的人都明白苏格拉底所说的"我唯一知道的是我一无所知"！

对于世界，人类认识了多少？你我又知道多少？何须固执地执着于维护我所知！看到蚂蚁时，我们往往只能看到它们在忙碌地追寻和搬运东西，爬行在自己认为的最佳路径上，而对某些比我们阶层更高的人来说，普通人的一生和蚂蚁又有什么区别？

阅读本篇，探讨和考察人生的意义，就能从不同的维度、时间和空间，了解人的本质，找到属于自己的使命和价值。

人生的意义是什么

我出生在农村，生长在农村。对我爸妈来说，人生的意义就是把我们养大成人，并尽量让我们有出息。这也是他们一生的动力和意义。而当我们长大后，对他们来说，我们身体健康、平平安安就是最大的意义。

对一个 6 岁的小孩而言，最大的价值和意义就是有很多玩具，每天快快乐乐，一年级能考第一名。

随着年龄的增长，我们的使命和意义都在慢慢发生变化。对我而言，过去是希望改变家庭贫困的面貌，后来是想让家人都过上体面的生活，再到后来是希望带领更多的人改变生活状况。而现阶段，我则希望传播正向文化，帮助更多的人养成正向思考的习惯，获得更好的生活！

人生的意义是什么？这个困扰了人类数千年的问题，时至今日，也没有一个标准的答案，相信数万年以后也不会有。将来的你是为人类社会、国家和民族做贡献，还是成为一个默默无闻、普普通通的人；是一生忧愁，还是一生欢喜……可能都跟这个问题的答案有很大关系。

自古以来，无数的哲学家都以自己的立场审视着人类社会，阐述着人生的渺小、短暂和虚无，本意是引导人们为善向上，却也被人们理解成人生没有意义。比如，无论是叔本华、尼采，还是南怀瑾等，无不感慨人生空无，奋斗一生却还是尘归尘，土归土，什么也带不走。

这个问题的诸多答案所延伸和产生的思想文化，如不能领悟通透，忘却了生而为人的立场，当面对现实生活的矛盾时，就容易产生抑郁、焦虑、纠结、迷茫……奋斗一生，执着于物质和财富的拥有，又带不走一片云彩；"躺平"，却又无法面对现实的人间烟火。执着于拥有的，会让人痛苦不堪；风轻云淡，在现实世界里又无法不卑不亢。

当然，也有无数的大师和凡人，用自己的思维定义了人生的价值与意义，比如，幸福、快乐、健康、长寿，富有；或者生儿育女，孩子有出息，一生为儿女；或者活成一道光，为社会、为国家、为人类做贡献，改变世界；等等。这些积极向上的思想激励着人们做出改变和不断超越自己，同时也推动了人类社会的进步与发展。

关于人生的价值和意义，之所以会出现不同的答案，是因为看待和思考人生时，人们会脱离开"生而为人"的本质立场，从不同的时间、空间和维度来讨论人生。站在幻想的立场、历史与未来的时空来谈论人生，人生确实没什么意义，即使有意义，也如尘埃般渺小，是一种短暂的存在。但是，站在人生在世几十年的立场和时间上，身处家庭、组织、社会不同空间和维度，人被天然地赋予了责任与使命，如子女、学生、恋人、员工、老板、丈夫、父母等，从而也有了不同的价值和意义

对于同一个人来说，过去、现在、未来的意义和使命也会发生变化。因此，我们不能抛开时间、空间、人物等去空泛地谈人生的意义，否则就是不负责任，甚至会对他人造成伤害。即使是同一个人，因为不同的身份、立场，使命和意义也会随着时间和空间的变化而变化。

有人可能会怀疑：

人生的意义是否真的在于奉献？为了别人的利益做出牺牲，不是损害了自己的利益吗？

为了得到更好的发展，难道不应该先考虑自己吗？难道不应该先为自己的利益而培养自己的个性吗？

将生命的意义聚焦在为人类做贡献上，让情感指向这一目标，人们就会尽最大努力，做出最大的贡献。同时，在努力的过程中，也会不断地充实自己，解决生活中的各种问题，并提高自己的能力。

这才是大智慧!

清一清 〉 **无往而不胜** ﹥﹥﹥

1. 人生的意义没有标准答案，由每个个体自我定义，并会随着时间、空间和身份等的变化而变化。

2. 畅游星辰大海增长智慧，不忘生而为人体验生活!

理一理 ▶▶ 我是如何看待人生的意义的?

_____

_____

定义自己的幸福

对于很多人来说，生活的本质就是穷极一生追求幸福。从呱呱坠地的那一刻开始，就要吃饱喝足、睡好觉，否则就会用哭泣来表达自己的不满。慢慢地，我们学会了爬，学会了走路，想要玩具，再到学习、成长、恋爱、工作、事业、家庭、健康，再慢慢变老。漫漫旅途上，我们不断地衍生出新的追求，每个阶段都会追求不同定义的幸福。同时，基于生长环境的变化、时间与空间因素的叠加，每个人都会慢慢形成自己的世界观、价值观和人生观。

人的欲望推动着社会的发展与进步，却又是螺旋状发展的，人性的贪婪可能会吞掉我们的幸福感，如若不满足，就永无幸福可言；如若知足止步，就无法进化发展。这是困扰着无数人的矛盾。

缺少生活的智慧，就会陷入矛盾的境地，只有拥有足够的生活智慧，才会缓解这种对立，进行多元组合，同时拥有幸福。

造成我们不幸福的最大诱因源于外在，加之我们自己也缺乏生活的智慧，容易受到别人的影响。比如，有的人大富大贵，是亿万富翁，人生美满幸福，而有的人却连房子都买不起，生活拮据，怎么会感到幸福？而当你真正成为亿万富翁时，却发现也没有想象中那般幸福；反观普通人却健康无忧，不需要承担那么大的责任，没有太多烦恼和焦虑，生活往往更安逸。

如此，我们该如何定义幸福呢？

幸福本身没有标准，每个人都有权利和资格定义自己的幸福人生！

幸福是自我主观意识的一种感受，跟外界事物没有任何关系，只不过经常被对比，于是就有了不幸福。

假如你是福布斯榜首，却焦虑明年会成为第二或第三，或没有健康的身体和快乐的心情，又怎能幸福？

假如你是一名健身教练，身体强健，却发现每个学员都比你有钱，你又何来幸福？

假如你上有老下有小，却发现不婚族反而活得更潇洒，还不用承担太多的责任，这时你又何来幸福？

反之，假如你是一名清洁工，却认为自己不但有健康的体魄，还能为人类环保事业做贡献，如此你依然会感到幸福！

假使你在一次意外中摔伤了腿，但你却觉得"好幸运，幸亏没摔瘫痪"，这样你依然可以感到幸福。

可见，幸福是由我们自己定义的。如今的你或许正处于人生的低谷、社会的底层，每天朝九晚五，但只要想想社会上有多少人不能正常上班，他们可能是身体残缺，可能在医院呻吟，甚至可能已经年迈，无法正常生活，需要被照顾……相比之下，健康又能正常上班的你，只要不断努力，一定可以变得越来越好，也可以很幸福。

正向思考幸福人生，不是让我们自娱自乐，不是具有"阿Q精神"，而是接纳所有的存在和客观事实，认清自己的身份和处境，积极想办法应对一切问题，不悔恨、不埋怨、不恐惧、不焦虑，活在当下，以向上向善的发展目标为导向，思考怎样做才有利于目标达成；以什么样的心态、什么样的思维，才能把当下过好，让未来可期。

幸福不因过去，也不因未来，只是基于当下、面向未来做出最好的选择。人生，不会因为你的悲观、悔恨、自我伤害而变得更好，只有当下最好。让每一个当下幸福，你才能拥有最高的智慧、最快乐的心情，才能用最大的力量迎接未来，才能一生幸福。

总之，做到不受外界的影响，就能定义自己对幸福的理解，知道自己的幸福是什么。

清一清 无往而不胜

1.人的欲望推动着社会的发展与进步，却又是螺旋状发展的，人性的贪婪可能会吞掉我们的幸福感。

2.即使你不幸摔伤了腿，但只要觉得"好幸运，幸亏没摔瘫痪"，你依然会感到幸福。

3.幸福不因过去，也不因未来，只是基于当下、面向未来做出最好的选择。

理一理 ▶▶ 我是如何定义幸福的？

_____

_____

明确自己的人生目标

有一种生活的智慧是："要么全力以赴，要么果断放弃。"明确的生活态度会让一切变得简单，过多的模棱两可或犹豫不决，只会让人在是非中迷失自我。

一艘巨轮，在海上行驶，目的地不明确或没有指南针，永远也到达不了彼岸。

一架飞机，在高空飞行，没有目的地和导航，便都没有意义。

一辆汽车，在公路上驶过，没有目的地，无论内饰多豪华、发动机性能多好，可能也只能在一定范围内里打转。

一个人，如果没有人生目标，一生都可能在纠结徘徊中度过，或每天只是周而复始地搬砖、打螺丝。

随着时间、年龄和外界环境的变化，很多人都会不断地调整自己的目标，从小时候想当科学家、警察，再到后来的想做学霸、当高考状元、考上名牌大学，乃至成为企业家、明星、工程师、某领域专家等。

对于生活目标，我也曾一度迷茫、纠结、痛苦过。很早以前，我就开始思考人生的价值和意义，不停地问自己：为什么要努力？反正最终都将失去！可是，面对现实生活中的衣食住行、吃喝玩乐等各方面的支出，我又忧郁了：我是否应该努力追寻财富？之后，我肯定地告诉自己，是的！我确实应该努力。于是，我每天早上出门之前都会激励自己"要成为奋斗者，要努力工作、努力赚钱"，然后以饱满的热情投入到一天的工作中，结果只要一到深夜，我就会陷入抑郁状态。现在想想，为什么要为难自己？够吃够喝，也能很幸福。

今年几个亲人都因身体问题相继离去，我又陷入了深思，觉得要将健康摆在首位。于是，我去做了体检，结果显示三高、脂肪肝，各项指标都有些许小问题。我知道，这些问题出现的主要原因在于，在多年的创业过程中，我经常熬夜，饮食不规律，还喜欢抽烟，感到抑郁或焦虑等。面对体检报告单，我坚定了自己的想法——健康最重要。于是，我果断地决定将工作节奏适度放慢，试着追求生活的品质。

我开心地将自己的感悟告诉家人："我想通了，健康第一，财富第二，生活第三……这是我当下最重要的生活目标。"结果，我刚说完，正读一年级的儿子就立刻接上了话，说："你这也太普通了，只关注健康、财富和生活。你不是在写正向思考，不是在学习吗？为何越学越普通，越学越废呢？你应该要有理想和目标，不然和咸鱼有什么区别？"

天哪！7岁的孩子居然说出这样的话。我感到很震惊，简直不可思议。同时，我再次被触动。是啊！人的一生怎么能这么普通呢？怎么能没有目标呢？我应该不忘初心，为社会发展做出应有的贡献，不能一遇到问题就只顾自己。

人生的目标本没有什么高低贵贱之分，关键看内心真正想要什么。在人生的每个阶段、每个时间点都有明确的目标，才不会迷茫或迷失。

人生短短几十年，稍纵即逝。我们一直都在进化和超越，对美好生活保持着无止境的向往和追求，不断迭代对美好生活的定义和目标，努力让世界发展得越来越繁荣。个人、组织或国家，一旦失去了目标，就会像海上无人驾驶的扁舟，没了方向和发展的动力。

你可以从学习、工作、健康、人际关系、家庭、社会责任等维度为自己设置目标，并努力奋斗，以实现自己生命的意义和价值。比如，考上理想的大学，从事一份满意的工作，收入达到什么层次，健康状态怎样，交些什么样的朋友，何时组建家庭，承担多少社会责任等，然后制订完整可行的计划并付诸行动。

我们要根据自己以往的经验、自身条件、环境和认知，接纳并感恩所有的遇见，正向思考并找到属于自己的人生发展路径。

做到这一点，才算是为幸福奠定了基础，我们的人生才能多姿多彩，我们也才能把自己活成一道光。

每个人活出自己的精彩，世界才会变得更加美好！

清一清　**无往而不胜**　　　　　　　　　　　　　>>>>

1.没有人生目标，一生都可能在纠结徘徊中度过，或每天只是周而复始地搬砖、打螺丝。

2.你可以从学习、工作、健康、人际关系、家庭、社会责任等维度为自己设置目标，并努力奋斗，以实现自己生命的价值和意义。

理一理　▶▶在生命的不同阶段，我是如何给自己设定人生目标的？

_____

_____

人因进化而伟大

我和 7 岁的儿子曾有过这样一段对话：

我：儿子，人与动物最大的区别是什么？

儿子：人也是动物，只不过是高级的动物。人会用工具，动物不会。

我：那为什么人是高级动物呢？

儿子：因为人类从鱼进化成猿猴，从猿猴再进化到类人猿，之后进化成人，再发展科技，变得越来越厉害，成了高级的动物。

我：如果动物一直不进化会怎么样？

儿子：动物不进化，会被关进动物园，成为保护动物，或上餐桌被吃掉。

这段对话看起来很简单，却蕴含了人类之所以伟大的哲理——人因进化而伟大！

人类从古猿演变而来，随着思想和意识的内驱，不断进化演变直到今天。反之，没有进化的动物只会变成动物园里的保护动物，甚至会因优胜劣汰而消失。人类之所以要进化，是为了不断满足和超越自身的身体需求、心理需求及精神需求。

也有人说，人类的本质和动物一样，当人类不再谈及心理和精神世界，不再为人类发展而努力时，基本上跟其他动物也就没什么区别了。人类与动物的最大区别是人性与兽性：人类心中有爱，担有责任，会为自己、为家人、为社会、为国家、为人类等付出；而动物只会为自己付出，活着最多也是为了儿女，高级点的动物也许会为伴侣而努力，再高级一点的是族群，如狼。

优胜劣汰的丛林法则能驱动进化，但和谐共生、向上向善、为人类进步做贡献的大爱精神，才更符合人类进化的法则。如果我们不进化、不自我超越、不迭代，那么我们的生命就会变得没有意义，充其量是和动物一样的存在。

清一清　无往而不胜 　　》》》》

1.人因进化而伟大！

2.人类之所以会不断进化，是因为人类会为自己、为社会、为自然做贡献，而动物只会为自己。人类的发心不同，会不断进化、迭代，向上向善，从而形成社会秩序。

3.人类讲感情，讲道理，讲秩序，而动物只有丛林法则，弱肉强食、优胜劣汰，只为自己。

理一理 ▶▶ 我是如何看待人与动物的区别的？

_____

_____

宇宙视角观世界

9岁那年夏天的一个晚上，晴空万里，繁星满天，我爬到屋顶仰望星空。那时我刚学了一点儿知识，知道宇宙很大，听说在宇宙中太阳系是一个很小的星系，而儿歌说："太阳大，月亮小，月亮围着地球跑……"

我懵懵懂懂地仰望着浩瀚星空，看到一颗特别亮的星星朝着我眨眼，我突然想：宇宙那么大，太阳系那么大，地球只是满天星星中的一颗，生活在地球上的人类岂不是更小？站在宇宙中看人类，不是还如尘埃？于是，我得出一个结论：人类真的太渺小了！

借着月光和璀璨星空的光芒，我看到了老家后面连绵的群山，以及山下田埂边的石板路。那是老祖宗几百年来铺的石头路，我想，这些山，这些石头，历经几百年、几千年、几万年，依然存在，而我们人类几十年就会化为灰烬，归入土地，相比之下，人类的生命如此短暂！那么，如此渺小而短暂的生命，我们该怎么度过呢？

如果一个人高估自己，我们经常会说他"不知天高地厚"。我们都知道地球直径（地厚）是 12742 千米，却没人知道天到底有多高？

客观地站在宇宙视角看世界，地球只是宇宙中的一粒尘埃，宇宙是无限大、无限强的，而人类发展到今天的总和，在浩瀚宇宙中还不到九牛一毛。当下的诸多高科技，如卫星通信、互联网、人工智能、登月、新能源科技、星链、芯片、空间站等，源于之前人类超前的设想，而当下的想象里出现的，未来也会逐一超越和实现。

在无限大的世界里，有着无限大的可能和无限多的机会，不要沉浸在自认为的主观狭隘世界里，不要执着于自己所认为的世界，要不断地探索新世界，努力扩展自己的思维边界。

清一清 无往而不胜 ⟩⟩ ⟩⟩ ⟩

世界的大小取决于思维边界与思维视角。

理一理 ▶▶ 我是如何看待宇宙和人类的？

_____

_____

宇宙视角观人生

何谓"宇宙视角观人生"呢？最简单的比喻就是，用人的视角看蚂蚁的一生。抛开人的立场，从宇宙或星空的视角来看人生，就像我们看蚂蚁的一生一样。抽身于肉体本身和主观意识，从宇宙视角看人生，就能明白很多事，这时候你会发现，人生真的如蝼蚁般渺小和短暂；而且，我们的很多执着、苦恼、忧虑，都异常可笑。

蚂蚁的烦恼，对人类来说很重要吗？

你的执着与苦闷，对宇宙而言很重要吗？

你的烦恼，对 100 年之后的你很重要吗？

昨天的愤怒与烦恼，对今天来说有意义吗？

自寻烦恼，可笑不可笑？只有抽身于当下的立场或视角，来看自己该怎么活，才能看见"人生地图"，找到最好的方向，实现最精彩的人生，变得友善、大爱和慈悲。

大师说：人生没有意义……

哲学家说：人生没有意义……

思想家说：人生没有意义……

叔本华说：人生没有意义……

尼采说：人生没有意义……

这些人之所以会有这样的认识，是因为他们都站在宇宙视角看人生。为了让自己站高一个层次，就要找到自己的人生导图，指引自己更好地生活，不执着于当下的视角和立场。可是，一直站在云端不下来，不入人群体察和体验人生，也容易堕落或误入歧途，觉得人生没有意义，形成虚无主义或理想主义，无法推进个人和社会的发展。

既然没有意义，何须苦恼与焦虑？何不快快乐乐幸福过一生？

为什么要有仇恨？为什么要如此地执着与妄想？

为什么要贪嗔痴慢疑？

何须计较那么多？

除了宇航员，我们都不曾到达浩瀚太空，但我们的思维却是无限的。站在宇宙角度观人生，个人的格局与智慧就会自然打开，曾经让自己执着的、痛苦的、焦虑的、抑郁烦闷的事情，连尘埃都不是，何须为难自己？除了仰望星空看世界，还得低头看脚下的路，不能忘却我们生而为人所在的世界与社会。

人类经历了千万年的迭代进化，形成了如今秩序、规则、法律、法理和道德等一应俱全的现代文明社会，因此，身处其中的每一个人都要不断学习、不断适应、不断进化、不断做贡献。

不管你的思想多么高级伟大，既然生在凡尘俗世，就得学习和研究尘世间的秩序和规则伦理。

因为你生而为人！

清一清 无往而不胜　　　　　　　　　　　　　⫸⫸⫸

1.抬头仰望星空观世界，低头看路行走看人间。

2.身体有形，思维无限！

理一理 ▶▶ 我是如何看待世界的？

_____

_____

微观察人生

花儿会开，花儿会谢。

如果此刻还没有绽放，就要努力奋斗让生命之花绽放！

如果已经绽放，就要好好享受绽放的精彩，无须担心明日会谢。

即使花儿已谢，那也只是回归自然，无须忧伤。

蜡烛，如果不被点亮，即使不生不灭，也只是一根棉线与一块石蜡，没有任何价值和意义。

人生同样如此。

只有点亮了的生命，才会发光发亮，人生有多大的价值和意义就在于点亮了多大的世界、照亮了多少人！

从宇宙的视角看，如果人生没有意义，那还要干活吗？这个答案曾让为生活努力的人感到困惑不已。

"我这么辛苦图什么？反正最终都是两手空空，带不走一片云彩。"

正如花儿迟早都会谢，为什么还要给它浇水？

人的一生，正如种花，浇水、施肥、花开、花谢……正向看每个阶段都是一种体验，每个过程都是一种欣赏与享受。如果从开始就想到花谢，每一步对你来说都是忧伤与痛苦。

选择仅在一念之间！

清一清) **无往而不胜** >>>>

欣赏与体验每一次花开与花谢的瞬间。

理一理 ▶▶ 我是如何看待给花儿浇水这一过程的？

_____

_____

生而为人的道

人间本无道，走的人多了就成了道。向上向善，为追求美好生活而一路奋斗，就是凝聚着人类的超越与发展形成的大道。

> "地上本没有路，走的人多了，也便成了路。"
>
> ——鲁迅《故乡》

每个人都有无数条路可以选择：有的人选择成为令万人敬仰的时代英雄；有的人则选择做一个普普通通的人，平平淡淡过一生……路有千万条，本身没有好坏对错之分，关键在于如何选择一条让自己幸福快乐的阳光大道！

向上向善，就是自古以来众人推崇的阳光大道。

从人类的立场看世界，就有了人意和人欲，之后才有了人类社会。

世上本无道，经过千百年的进化，就形成了人间的道。正如鲁迅先生所言："地本没有路，走的人多了，也便成了路。"而人类能和谐共进，倡导的都是善与爱，自然形成的"善"就是人类最大的阳光大道。

所谓"邪不胜正"，正是因为人类千百年来所累积的"善"的能量总和大于"非善"的能量总和，所以从长远来看，为善去恶才能行阳光大道。

清一清 无往而不胜

以辩证逻辑说邪不胜正，是因为千百年来所累积的"善"的能量总和大于"非善"的能量总和，为善去恶是行阳光大道！

理一理 ▶▶ 人类最大的阳光大道是什么？

_____

_____

身份变换的意义与变通之道

有一次，跟一个朋友喝茶聊天。他说，他老婆在自己公司上班，不知道为什么，如果她工作没做好，他对她会比对别人更凶。下班回到家，对她也态度恶劣。他觉得自己不对，因为创业以来都是老婆陪伴在身边，老婆是对公司贡献最大的人之一，下班后她也很辛苦……可是，他改不了，到底是什么原因？

我说：核心是你的位置发生了改变，身份角色却没有发生转变。上班的时候你们是上下级关系，却以夫妻关系去相互要求和相处；下班之后是夫妻关系，却以老板和下属的关系相互要求和期待，自然就会出现很多不满和意见。

他说：那怎么办呢？

我给出的答案是：根据时间、空间的变化而变换自己的角色。

从出生到死亡，我们都会经历无数种身份的变化，每个身份都有它所需遵循的道，用同一身份贯穿始终，不会变通，必然一生艰难。

认清自己的身份，随着时间、空间的变化而改变自己的职责与使命，是最难的。

从早上出门到傍晚回家，我们的身份会发生多次变化，因为面对的人不同、时间不同、环境也不同。比如，面对爱人，你是丈夫（妻子）；在儿女面前，你是父亲（母亲）；面对父母亲，你又是孩子；出门到小区，是社区居民；在公司，你可能是老板，如果爱人跟你在同一家公司上班，他（她）就变成了你的员工，你的角色也由爱人变成了老板……身份发生了变化，你的位置、立场、思想、行为也需要跟着改变。

正所谓"人生如戏、戏如人生"，你需要演戏，也需要做真实的自己，只有不断地变通，才能在每个点上获得快乐人生。如果回到家依然是老板的身份，成了妻子的老板、儿子的老板、父母的老板、朋友的老板，你的生活一定会变得一地鸡毛。

那么，如何顺应不同身份的变化之道呢？下面我们就以成长的路径做个简单演绎。

1. 为子之道

当我们降临到这个世界，第一个贯穿始终的身份是为人子女。因此，无论任何时间、任何地点，只要面对父母，就应行为子之道，要发自内心地孝敬、尊重和感恩父母，给他们行为上的照顾、体贴、赡养……无论你是谁，无论你地位如何，无论你是贫穷或富有，无论你在哪里，只要面对父母，你的身份始终都是儿女。

2. 为学之道

人生中的第二个重大时期与身份当属"为学"，比如在校的学子、拜师的弟子等，应该尊重师长。这个身份最重要的责任和义务就是学习好知识与技能。这是该阶段的天然大道，合此道者必优！

3. 工作之道

进入社会后第一个重要的角色转换便是职员，无论身在何单位、何岗位，都要遵守该岗位需要遵守的职责，不管是工程师、销售人员，还是行政管理、财务、人事、总经理、设计师，都要遵循岗位和单位的要求，认真做好本职工作。如果你是公司老板，则要遵循经营者之道，主动对员工、对客户、对社会担起责任。

4. 夫妻之道

随着年龄的增长，经历成长、学习和工作后，多数人会迈入婚姻的殿堂，组建一个新家庭，此时所要面临的是夫妻之道。无论你在外面是老板、员工，还是处于社会底层，又或者是处于金字塔顶尖的风云人物，在回到家面对丈夫或妻子时，你只是爱人，需要遵循的是夫妻之道。

5. 父母之道

子女出生后，我们会升级为父母，会被天然地赋予为人父母所需遵循的道，比如，小心翼翼地呵护，循循善诱地教导，坚定地守护儿女的成长，给子女好的陪伴和良好的教育……

6.为民之道

无论身处哪个组织，只有遵循该组织所应遵循的道，爱组织、为组织做贡献，维护组织的秩序和法理，自己保持持续的精进，才能心想事成、幸福快乐，同时推动组织的发展。

7.为己之道

在我们的一生中，除了与社会、他人相处外，更重要的是与自己相处，尤其是照顾好自己的身体、心理和精神，同时让自己的内在和谐相处，这也是最重要的为己之道。

从出生到死亡，我们会经历无数种身份的变化，每个身份都有其所需遵循的道。如果把每个身份比喻成一个的电视频道，那么在不同时期、不同环境，要及时调整自己的频道。

用一个身份贯穿始终，一生都将艰难！

清一清 **无往而不胜**　　　　　　　　　　⟩⟩⟩⟩

1.世界唯一不变的是时时在变，人生亦如此！

2.人生如戏，不靠演技，只要调频！

理一理 ▶▶如何顺应不同身份的变化之道？

三、本质篇——人性需求的变化规律

对于社会来说，经济建设决定上层建筑，经济基础决定精神文明建设，只有遵循这样的规律，才能获得更快、更稳的发展。

对于一个组织或一个公司来说，创业期要进入市场求得生存；发展期要抢占更大的市场份额，打造品牌，获得用户认可与好的口碑；成熟期需承担更大的社会责任和义务，为行业、为国家做贡献，去带动和帮助更多人过上更美好的生活。

对于个人来说，每个人都可以有远大的梦想，但再远大的理想，也需要根据现实情况脚踏实地、一步一个脚印地去实现。

因此，无论你是何身份、做什么职业，了解人性的需求与需求变化的规律，都将为你的生活与工作带来巨大的指引与帮助。

阅读本篇，你将对人性需求的变化规律有所了解。

了解人性需求的重要性

小时候因为家里穷，对于穿着这种需求来说，能"穿暖和"就行，至于是穿新衣服，还是旧衣服，或者带补丁的衣服，都无所谓。

长大一点后，总期望着过年能有新衣服穿。

上初中后，看到家庭富裕的孩子穿国产大牌运动鞋，我又期望自己也能有一双。

步入社会后，看到周围人穿国际名牌，我又想自己也能穿得上。

再往后，随着经济条件逐渐变好，奢侈品品牌满大街都是，我就想穿得与别人不同，想独一无二，想根据自己的身材喜好量身定制。

普通量身定制过后，依然觉得不够独特，又想找国际知名设计师定制……

就这样，需求越来越难以满足，花销也越来越大。

人的欲望会螺旋式地变得越来越大、越来越多，永无止境，永远无法满足。仅仅从着装这件事情，就可以看到人性需求变化的规律与重要性。

假设你是服装行业的老板，但你不了解需求变化的规律，那么你可能会一直销售超级耐用的"解放鞋"、超级保暖而又厚实臃肿的大棉袄，这怎能迎合时代与人性需求的变化呢？当"解放鞋"卖不掉时，你可能还会以为是价格不够低、质量不够好，于是拼命"卷"价格、"卷"质量，结果销售商嫌利润低而不卖，消费者嫌档次低也不买！

再说个大一点的案例。

摩托罗拉手机之所以会消失，是因为价格不够低、质量不够好、经营管理不善吗？不是，是因其不符合人们对于手机需求的变化。

我是做实体工厂的，所见同行多数都是竞争对手，他们的核心理念就是，我比同行价格低、质量好，我就有核心竞争力，我就能生存得很好。这种观念，在很多时候确实有用，能让你生存下来，但如果不是基于用户需求的价值导向，就很容易被对手带入死胡同。

因此，了解人性的需求和需求变化的规律，并以此为基础去解决问题、创造价值非常重要。

清一清 无往而不胜 　　　　　　　　　　　　　　　　　　▶▶▶

　　人的欲望会螺旋式地变得越来越大、越来越多，永无止境，永远无法满足。

理一理 ▶▶ 我了解人性的需求和需求变化的规律吗？

_____

_____

从低到高的普遍变化规律

　　马斯洛需求层次理论分为五级模型，按照从下至上的顺序形成了一个金字塔结构，分别为生理、安全、社交、尊重和自我实现。

　　生理需求：这是我们维持生存最重要、最基础的需求，比如，水、食物、睡眠、空气、性等。

　　安全需求：生理需求被满足后，会产生安全需求，比如，长久、安全、稳定、受到保护、有秩序地持久生存、避免恐惧和焦虑等。

　　社交需求：能够稳定持续地生存后，身体需求就会逐渐延伸到心理、情感和情绪上的需求，比如，建立情感和爱、解决人与人之间的关系、拓宽自己的活动范围等。

尊重需求：在满足了生理、安全和社交等需求后，我们还希望得到反馈与滋养，比如，渴望被爱、被尊重、被重视、被关心、被认可与被信任等。

自我实现需求：其他需求都被满足后，人们渴望追求自己能力或潜能的实现，希望呈现自我，实现自我的生命价值和意义，让生命趋向圆满。

这是一个从低到高的普遍需求的变化规律，无论是个人还是组织、社会，从低到高地去追寻和满足需求，都是非常务实的做法。比如，对于个人来说，衣食住行的基本需求都没被满足，去追寻精神建设，理论上有一定的可能性，但难度相对更高，实现概率更小，也更辛苦。

因此，无论是需求者，还是需求供给者，无论是个人家庭，还是公司经营，都要根据自己所处的阶段去提出自己的需求，根据社会所需去供给产品或服务。

清一清 **无往而不胜** ▶▶▶

1. 生理需求是我们维持生存最重要、最基础的需求。

2. 无论是个人还是组织、社会，从低到高地去追寻和满足需求，都是非常务实的做法。

理一理 ▶▶ 我过去追寻什么目标？最大的需求是什么？我的潜在需求是什么？

_____

_____

人生如蛋论

有一次，一个中山的同学买了一台玛莎拉蒂总裁高配版汽车，他很开心地请大家吃饭。

我问他："你为什么买这台车？"

他说："因为这台车不错。"

我问："哪里不错？"

他支支吾吾地说："因为朋友们都说这台车很不错，所以我就买了……"

我说："你朋友肯定也说别的很多车也不错吧，比如，路虎、迈巴赫、宾利、法拉利……这些都不错，你为何偏偏买了这个型号呢？"

他回答不上来。

我说:"你其实并不知道自己为什么买,要不要我演绎一下?"

他让我快说。

我说:"你之所以会购买这台车,主要是因为你这个阶段的心境暗合了玛莎拉蒂倡导的文化,你自己却不知道。玛莎拉蒂的广告语是'王者风范,御临天下!',它的产品、品牌文化都是围绕这个打造的。而你此刻的心境就是想做霸道总裁,想在你的领域里找到王者风范,玛莎拉蒂就是倡导这种感觉和品牌文化的。虽然你没看到它的广告语,但这款产品的气质暗合了你当下心境的需求。"

听后,他大笑:"你怎么这么厉害!"

想要了解一个人的性格,可以看他实现财富自由后买什么车,这句话有一定的逻辑和依据。

一个人,没有钱时,买车需要满足的是代步需求,这时候,经济、实惠、耐用、性价比等功能性需求,就是他的购买导向。而当他经济条件达到一定水平后,需求就会变成舒适、好看、酷炫、有品位或者有面子等。而真正实现财富自由后,人的关注重点可能就已经不是性能、性价比、舒适、面子等了,而是证明自己的价值和意义,满足精神需求。

从购车的普遍规律以及现实情况来说，人性的需求是从功能性身体需求，发展到情绪和感觉性心理需求，最后再满足心智上的精神需求。普遍顺序是从衣食住行，到吃喝玩乐，最后是琴棋书画。

关于人性的需求，无论是大师或思想家的说法与理论，还是各路大咖的解说和自己的参悟，都各有不同，而我则用了一个简单的比拟来形容人性的需求。

我把人的身体结构比喻成一个蛋，蛋壳代表躯体，追求功能性（生理）需求；蛋清代表心理，追求心理性需求；蛋黄代表思想，追求精神性需求。

1. 蛋壳，代表身体功能性（生理）需求，如物质、防寒保暖、遮体、安全、食物、水、空气、健康、睡眠、呼吸、工作等。此部分衍生和满足的是人体的身体所需。

2. 蛋清，代表由心产生的心理性需求，如情感、情绪、温暖、爱、信心、朋友、被肯定、被欣赏、成就感、愤怒的发泄、喜怒哀乐等。此部分衍生和满足的是人体的内心所需。

3. 蛋黄，代表由脑和思想所产生的精神性需求，如目标、理想、价值、生命的意义、慈悲、认知、生命体验、自我实现、人生修炼、道德、创造等。此部分衍生和满足的是人体的精神所需。

理解和认同这个比喻后，再来看人性的需求及其变化规律，理解起来就容易多了。

一个蛋，如果只有蛋壳，或者蛋壳坚固如钢铁，却没有好的蛋白和蛋黄，那么这个蛋也是没有生命的。对于人类而言，如果只有丰盛的物质，缺少心理与精神的滋养，那么也谈不上是一个完整的生命。

一个蛋，如果只是蛋清完好，没有蛋壳与蛋黄，或者蛋壳如水，那么这个蛋就容易被污染，被细菌侵入而发霉发臭。对于人类来说，如果一味追求心理情绪的满足，认为只要开心就好，不管其他，那么也不会创造任何价值，甚至会因为物质的匮乏而抑郁焦虑，无法面对现实生活。

一个蛋，如果只是蛋黄好，缺少蛋清与蛋壳的保护和滋养，即使阳光再柔和、空气再新鲜，也无法保持新鲜。对于人类来说，如果只有思想，只求精神的满足，只有停留在口头上的理想与口号，不能面对现实，不能从实际情况出发，那么就只能变得惆怅满怀甚至得精神疾病。

当然，即使蛋壳、蛋清和蛋黄同在，如果三者不和谐而产生紊乱，那么也同样容易变坏。同理，物质、心理和精神三者不和谐，人体的运营体系就会因为紊乱而滋生出众多无法治疗的疾病。

将人的需求分为身体、心理、精神三大类，对比蛋的蛋壳、蛋清、蛋黄以及所衍生和满足的所需，就能跳出自己生而为人的需求结构，正确理解和推演需求的变化。

清一清 无往而不胜 　　　　　　　　　　　　>>>

1.如果把人的身体结构比喻成一个蛋，蛋壳代表躯体，满足功能性需求；蛋清代表心理，满足心理性需求；蛋黄代表思想，满足精神性需求。

2.物质、心理和精神三者不和谐，人体的运营体系就会因为紊乱而滋生出众多无法治疗的疾病。

理一理 ▶▶我最渴望被满足的需求是什么？

_____

_____

和谐的修炼

其实，人可以分为三大板块，分别是身体的我、心理的我，以及精神的我，即三体。

极致追求和满足身体所需，一旦物质严重过剩而心理和精神极度匮乏时，就会因失衡而感到空虚、寂寞。极致追求心理需求，而忽略了现实的物质条件与自我价值，就很容易陷入贫困从而变得抑郁和焦虑。同时，如果为了满足精神需求而忽略了心理感受和身体状况，那么就会出现心理和身体疾病。

根据此消彼长的原理，上述三个板块任何一个板块过度，都会带来失衡，引发一些身体疾病或心理疾病，时间长了，就会不断加剧，并难以恢复。

对于三体来说，只要一个板块太长，就会使其他板块过短，因此，我们追求的和谐就是三体的平衡。比如，对于汽车来说，发动机、车身和轮胎等需要和谐运转，发动机过快，轮胎跟不上，就会因为不配套而抛锚，从而发生事故；轮胎转得过快，车身没有跟上轮胎的速度，那么汽车也会散架。

人体同样如此，身体、心理和精神三者和谐平衡运转，才能保证健康。

1. 三体合一的修炼

如今很多人都会谈及人生的修炼与修行，那修炼和修行的最高目标究竟是什么呢？

每个人在接触这个世界时，都会有一个习惯性的先后顺序，即身体的某一个部位先做出反应，形成自我决断的核心驱动，包括脑中心驱动、心中心驱动、身体驱动。以购买衣服为例。

脑中心驱动的人，首先会习惯性地用大脑去分析这件衣服的款式、颜色和尺寸，然后结合自身的喜好和身材进行判断，看是否适合自己。如果合适，即使不试穿，也会做出购买的决定。

心中心驱动的人，一般是用心去感受这件衣服的款式颜色，只要感觉不错，就会做出购买的决定。

身体驱动的人，既不分析，也不感觉，他们会试穿，以试穿后的实际效果作为购买的依据。

个人如果习惯于脑中心驱动，就会弱化身体与心中心，导致感受能力减弱，在与人交往时无法感受到别人的感受。这类人通常以自己的感受和体验为核心，在思维和思考能力上也比较弱。面对不同的人或事，他们会过度相信自己的感受或体验，或过于相信自己的判断，执着而痛苦。

因此，修炼的最高境界是让自己的身体、心理和精神三体合一，变得强大！那如何做到合一呢？

首先，明确告知自己的三体，目标一致。比如，慈悲正觉，正向为善，就是让自己做到表里如一的和善，不能一边用脑子分析告诉自己要慈悲，一边心里又盘算着如何极致的自我，行为时而慈善，时而自私自利，造成自相矛盾。

其次，要保持身体、心理和精神方向一致的正向向善，感恩拥有的一切。要感谢让你拥有这一切的人或环境，无论是贫穷还是富裕，都要用爱去驱动身体、行为、思想等保持正向向善的和谐运作，实现身体、心理和精神的和谐健康。

2.绽放的生命。

对于我们来说，不仅要保障身体、心理和精神的和谐与健康，更要活出精彩，活出自己的高光时刻。

清一清）　**无往而不胜**　　　　　　　　　　🢒🢒🢒🢒

1.根据此消彼长的原理，身体三个板块任何板块过度，都会带来失衡，引发一些身体或心理疾病。

2.修炼的最高境界是让自己的身体、心理和精神三体合一，变得强大！

理一理　▶▶为什么说身体、心理和精神和谐平衡运转才是最健康的？

_____

_____

四、理论篇——为什么要正向思考

在生命旅途中，我们会遇上各类大大小小的事情，而对这些事情的处理方式，源于我们的认知和思考习惯，即平时我们是喜欢用正向思考的方式去发现事情好的一面，还是喜欢用负向思考的方式去发现事情的坏的一面。思考方式不同，结果自然不同。

比如，对于员工来说负向思考就是：事情少，工资多，甚至不来上班都能拿工资。而正向思考则是：认真对待自己的岗位和工作，在工作中全力以赴，从而被老板嘉奖或提拔，获得更多的机会，实现自己的快速成长。同样，如果企业经营者能够通过正向思考的方式承担起服务于社会和国家的责任和使命，那么他的企业也会迎来更大、更好的发展。

阅读本篇，你将知道正向思考的真正原因。

我的初心

2022 年 9 月，对未来的过度焦虑、团队沟通的阻碍，以及过往生活和工作中积累的抑郁，让我产生了无数负面情绪，却无法及时处理。很长一段时间，凌晨三四点我还醒着，即使偶尔睡着了，也不是深度睡眠，早上不能按时起床，好不容易醒来了，又会自责没早点起来，浪费了无数时间。

当我吃过午饭拖着疲倦不堪的身体来到公司后，往往要面对很多令人苦恼的问题，比如，安排的事情团队不执行，执行了的事情没达到想要的效果，沟通上产生了不少矛盾等，这些事情又会让我出现很多负面情绪。

好不容易下班回到家，原本想休息一下，老婆却抱怨我不管家里，不管孩子……大家都睡着了，我又开始觉察和反省，觉得自己这没做好那也没做好，从心理和精神上不断地批判自己，造成了极度的自我内耗，致使我整天都在负面情绪里打转。

竞争与经营的压力扑面而来，再加上自己状态不佳，让我内心的压力和焦虑倍增，有时候感觉自己快要窒息了，身体出现了胸痛、胸闷等症状；有时候，我又会觉得人生如蝼蚁，所有的努力都没有意义；有时候我还会觉得人生难得来一回，应当以梦为马，不负韶华，活出热血沸腾的生命；还有的时候，我又会自暴自弃，觉得人生既痛苦又没意义，甚至还产生过逃避的想法，什么都不想干，想走到哪儿算哪儿……

就这样，我纠结着，反反复复，无法消解。

一次，我跟团队沟通得非常不愉快，为了缓解一下自己的情绪，我独自开车去了肇庆鼎湖山，在那里安静地住了一个星期。那时候，我对自己38年的人生做了一个回放，并给这次经历设定了一个主题——鼎湖山之旅！

人生路回放：

1984—1990年（6岁）：无知，放牛，干农活；

1991—2000年（7—16岁）：读书，求学；

2000—2003年（16—19岁）：无心求学，只想早点出社会谋生；

2003—2004年（19—20岁）：找工作，做业务，开始思考日后创业；

2004—2005年（20—21岁）：学习英语，选择工作；

2005—2008年（21—24岁）：专注做地毯，稳定谋生；

2008—2010年（24—26岁）：创业；

2010—2013 年（26—29 岁）：成立了自己的团队；

2013—2015 年（29—31 岁）：明确未来；

2015—2016 年（31—32 岁）：拥有属于自己的品牌、产品和工厂；

2016—2018 年（32—34 岁）：还债 1000 万元，救火，活下来；

2018—2020 年（34—36 岁）：家庭稳定；

2020—2021 年（36—37 岁）：事业稳定，买厂房，搬厂；

2021—2022 年（37—38 岁）：心安入定，保持能量，将修行与工作融为一体。

经过深度反思后，我发现自己这一路走得太辛苦了，原因有很多。

第一个原因是，我的思想常年飘在云端，90% 以上的时间都在思考宇宙、人生的意义这样宏大又虚无的主题，然后沉浸在幻想、想象、梦想中。回到现实，又感到无力和无奈，几乎一直处于浮躁不安的状态。

第二个原因是，我觉得自己的运气似乎不太好，从出生、成长到创业至今，一直都与问题和困难相伴，感觉自己总会遇到坎坷与矛盾，似乎没过一天舒畅的日子。

经过这样的深度觉察后我发现，这 30 年来我似乎没过过一天安心的日子，自己所有的路、所有的选择，都是被动的，都是不得已而为之。时至今日，我觉得自己没有获得过任何快乐，伴随自己的焦虑、抑郁和纠结不但没有消减，反而大增，感觉自己的人生没有任何意义，毫无幸福可言。

过去的 30 年，我一路披荆斩棘，做出过很多被迫、无奈的选择，感觉自己苦不堪言、心力交瘁，浑身充满了负能量。我想提升自我，却没有努力学习，只能惯性地思考，掉入定式的陷阱而不能自拔！总之，过去这 30 年，我心理健康指数极低，身体、心理与精神的配合严重失调。

在这 30 年的时间里，我耗费了太多的心力、精力和时间！我一直都是一个负向思维、负能量的深度受害者，每天浑浑噩噩，身上没有一点力气，有时甚至觉得自己已经走到了人生路的尽头……总之，严重的负面情绪导致我很长时间都没法正常工作。

想到自己如此痛苦不堪，我很心疼自己，为自己流下了伤心的眼泪。

我自问：我为什么要这样？为什么会这样？这不是我想要的人生，我还有别的选择和出口吗？我冥思了很久，无法入睡。

后来的一天早上，我去了鼎湖山上的庆云寺礼佛，莫名其妙地选择了感恩回馈。之后，我问自己："第一次来这里，为何选择了感恩？"

当我离开寺院回到住处后，又想了很久，仍没有找到答案。

后来我打开电脑，查看之前写的 38 年回放历程，脑海里突然出现了一个问题："我现在缺什么、有什么？"

我掰着手指头数着：这些年通过自己的努力，我拥有了房子、老婆、孩子、朋友、豪车、工厂、团队、品牌、财富等。这时我才意识到，原来自己已经如此富有。

回头再看之前写的那些辛酸的往事，我不禁自问：没有过往的那些坎坷，我能有今天的一切吗？然后我又想到，作为一个从社会底层出身的人，无论是经济条件还是智慧，我至少跑赢了大多数人，于是我发出了赞叹："我真是太厉害了！"

然后，我想起了几年前的小学同学聚会。同学小华在家里种田，起早贪黑，非常辛苦，年收入却不足万元。朋友告诉他在外面做业务，一个月就能赚到一万元。他却说："打死我也不相信，全天下都不可能有那么高的工资，你还想骗我，当我傻瓜……"如果不是过去的经历，我的认知可能也跟小华一样，不会相信做业务可以月入过万。

我突然开悟，我应该感恩遇到的一切，没有这些坎坷，怎能有我的今天？

感恩：

感谢自己。虽然家庭贫困，但赐予了我伟大的生命！

感恩父母的哺育与抚养。家庭虽然贫困，父母却如此伟大，他们用身体和生命呵护着我健康成长。

感恩贫困。艰难困苦滋养着我的成长，贫困激发了我向上拼搏与努力的心，并最终让我出人头地。

感恩自己。虽然学历不高，但在实践中常年思考和学习，让自己有了今天的见识和认知。

感恩创业路上的坎坷。在自己状态不好、缺少激情、知识贫乏的前提下，依然能一路披荆斩棘地走过来。

感恩父母、兄妹、老婆和孩子。感恩亲人们在我创业路上的陪伴与支持，让我感受到了家庭的温暖，有了一个坚定的大后方。

感恩目前拥有的一切。感恩企业、团队、产品、品牌、资源、车子、房子、家庭、资产、负债……在不知不觉中，我已经获得了自己想要的一切，已经心想事成！

感恩自己多年来面对的艰难困苦。顺境或逆境、卑微或高傲、谦虚或自负……都促使我不断提高和改进，完善自我。

这 38 年来的经历如此精彩、丰富，感恩这一切，是它们让我变成了现在的自己！无论是财富、智慧、认知，还是能力、健康和幸福，都不输很多人！

我终于发现，原来自己是如此幸运、如此富有、如此优秀！

不过，心存感恩虽然可以让自己更舒服、更有力量，但不足以和过去和解，不足以安然坦荡地面向未来，更无法促进事情的推进与目标的达成。之后，我想到了正觉和正念，只不过依然有些虚，最后我想到了正向思考。

我把自己所有遇到的和未来可能发生的事情，用正向思考演绎了一遍，发现居然如此美妙。所有事情，只要正向思考，都能与万物同源一体、同频共振。当整个世界都在你的掌握中时，你就会所向披靡，一往无前！

我的出生无足轻重，我的故事无关紧要，我只是一介平民，但我依然希望通过正向思考的方式将因为过往的经历和体验产生的负面情绪分享给大家，希望能够带给大家一些启发，让每个人都可以更好地生活。

当然，为了便于读者更好地理解我产生负面情绪的客观条件，还需要简单介绍一下我的原生家庭的情况。

我出生在特困山区的一个农村家庭，全家五口人，全靠父亲干农活为生。我母亲是个残疾人，不能干活，我是在母亲挑剔、指责和抱怨的环境下长大的。

我想感激她，但面对她的指责和抱怨，我又心生恐惧，有时我也会想到她的初心和她的不易，常悔恨自己对她的态度，感觉自己非常不孝……我纠结着，无法处理这种情绪。

原生家庭贫困的成长环境，以及母亲的指责抱怨，让我从小就非常自卑。后来，我开始学习心理学，了解到这类性格的人爱你的方式就是一辈子雕琢你。

对于"生活的意义"的理解，每个人都不尽相同，遇到困难时应对的方式也不一样。不同的思维方式会给我们带来不同的解决办法，而不同的解决方法又会导致不同的结果，因此，选择正向思考的思维方式，正确对待遇到的困难和矛盾，就能成就更好的自己！

清一清） **无往而不胜** ⋙⋙

1.人生难得来一回，应当以梦为马，不负韶华，活出热血沸腾的生命。

2.心存感恩能够让自己更舒服、更有力量。

理一理 ▶▶ *我最感恩的是什么？*

_____

_____

关于情绪

　　关于情绪的词语，这里做个粗略汇总。通常分为两大类，即正面情绪与负面情绪。

　　与正面情绪有关的词语有：开心、快乐、活泼、乐观、从容、安静、雀跃、热情、爽朗、专心、兴奋、激动、陶醉、满足、愉悦、开朗、轻松、骄傲、甜蜜、愉快、笑容满脸、笑意盈盈、笑逐颜开、谈笑风生、笑骂由人、一笑置之、会心微笑、开怀大笑、眉开眼笑、欢天喜地、满心欢喜、喜气洋洋、喜上眉梢、喜形于色、喜不自胜、乐在其中、乐天知命、乐也融融、自得其乐、慷慨激昂、心平气和、气定神闲、神采飞扬、兴高采烈、舒畅、舒服、舒坦、爽快、甜美、甜丝丝、喜出望外、畅快、喜悦、喜滋滋、心花怒放、心旷神怡、得意、体面、优越、感动、如愿、欣慰、安宁、安然、放心、冷静、宁静、踏实、坦然、心安理得、心静、镇定、镇静、振奋、振作、扬眉吐气、欢畅、欢喜、豁然开朗、快意、狂喜、舒心、怡然、愉悦、崇敬、景仰、敬慕、钦敬、心悦诚服、惬意、泰然、激昂、眉飞色舞、欣喜、拊掌大笑、哈哈大笑、开怀大笑、嘻嘻哈哈、手舞足蹈、前仰后合、欢蹦乱跳、幸福、甜滋滋、称心如意、心满意足、感激、春风得意、兴致勃勃、乐不可支、兴高采烈、兴趣盎然、欢欣鼓舞、心旷神怡、皆大欢喜、欣喜若狂、欢声笑语……

负面情绪的词语有：焦虑、紧张、愤怒、沮丧、悲伤、痛苦、抱怨、自责、悔恨、担忧、不安、郁闷、伤心、难过、失望、堕落、烦躁、生气、孤寂、寂寞、惊恐、惊惧、担心、焦急、焦躁、害怕、恐惧、气愤、悲愤、悲哀、哀伤、沉痛、伤感、痛心、心酸、胆怯、恐怖、受惊、敌视、敌意、妒忌、反感、可恨、可恶、憎恨、别扭、不快、烦闷、难受、窝火、窝囊、心烦、发愁、犯愁、忧虑、忧郁、高傲、狂妄、自大、自负、冤枉、浮躁、急躁、心急、心急火燎、心急如焚、发慌、恐慌、心慌意乱、惭愧、丢脸、丢人、丢丑、亏心、愧疚、难堪、难看、羞耻、羞辱、忏悔、后悔、过意不去、内疚、困惑、迷茫、为难、无所适从、可惜、藐视、蔑视、失落、孤单、孤立、苦闷、苦恼、忧伤、淡漠、低沉、消沉、心灰意冷、恼羞成怒、气馁、丧气、扫兴、厌倦、恼怒、激愤、气恼、盛怒、震怒、悲苦、哀戚、悲怆、苦涩、凄惨、酸楚、痛心疾首、辛酸、惶惑、惧怕、畏惧、畏怯、心惊胆战、心惊肉跳、可憎、痛恶、痛恨、嫌怨、怨恨、嫌恶、嫌隙、嫌憎、憎恶、扫兴、厌倦、糟心、愁闷、殷忧、穷愁、沉郁、阴郁、自惭形秽、心焦、烦乱、纷扰、如坐针毡、忐忑不安、无地自容、自怨自艾、追悔、痛悔、歉疚、诧异、愕然、迷惑、迷惘、彷徨、疑忌、哀怜、怜悯、痛惜、贪恋、鄙视、侮蔑、失意、懊丧、抱憾、惆怅、落魄、惘然、哀思、哀怨、悲郁、怅恨、怅惘、愁苦、仇怨、愤恨、愧痛、闷倦、恼恨、恼人、危惧、羞愤、忧烦、疑虑、厌弃、颓废、颓靡、颓丧、颓唐、萎靡、心有余悸、怒发冲冠……

对照这些词语，想想自己生活中出现过哪些情绪？

不过，无论自己出现过哪些情绪，都先默念 100 遍自己喜欢的正面情绪的词语，相信多半都能立刻变得正向起来。然后，再默念 100 遍自己不喜欢的负面情绪的词语，看看自己是否立刻转到了负面情绪里？当然，最好不要反复。告诉自己不要负面情绪，而是要让正面情绪充满心田，用正面情绪覆盖掉负面情绪。

多年来，我一直都企图用学到的成功学和心理学知识来解决自己的消极心态和负面情绪，但一点作用都没有。就像很多人脚痛时就会医脚，但脚痛的根源可能根本不在于脚，而是血液或神经元的问题，搞错了病原，如何能治好？同样，造成你极度贫困的，可能并不是心态，而是你的思维方式。

比如，同样还是负债。个人抱有负向思维，就只能看到负债带来的坏处，或延伸放大负债，会认为就是这些负债才让自己身陷困境、无法正常生活的，由此自然就会对负债感到恐惧；反之，如果是正向思维，就会觉得负债对自己有好处，然后就能将压力转为动力，鞭策自己努力奋斗，提醒自己不松懈、不懒惰，产生正面情绪。

因此，正向思考是解决负面情绪的关键！

清一清 〉 **无往而不胜** 〉〉〉〉

所有的情绪都由心呈现。

理一理 ▶▶ 我们常出现的负面情绪有哪些？

_____

_____

负面情绪的伤害性

据世界卫生组织统计，当下死因排在第二的是心理疾病，而负面情绪对于心理的伤害则是 100%。现代社会中，抑郁和焦虑等负面情绪普遍存在。

首先，负面情绪会对人体产生多种危害，比如，长期处于负面情绪中，会破坏身体的免疫系统，造成内分泌紊乱，使人出现各种不适症状。

平常，有些人总是说："气得我心脏病都出来了""简直气死个人了"……真的会这样吗？确实！负面情绪太多，最容易伤害心脏和血管。如果原本身体状况就不太好，负面情绪更会牵引和放大病情。比如，有些人得了恶性疾病，在不知情时还好，一旦得知病情，可能加速病情恶化，原因就是害怕、恐惧等负面情绪起了推波助澜的作用。

此外，负面情绪对身体造成的伤害还包括以下几个方面：

（1）心理方面。焦虑、抑郁等负面情绪会增加身体的压力和紧张感，导致心理健康出现问题，比如，会出现失眠、食欲不振、注意力不集中等状况。

（2）免疫系统。长期被负面情绪包围，会对免疫系统产生负面影响，使身体遭受感染和疾病侵袭的概率增加。

（3）消化系统。负面情绪会影响消化系统的正常功能，导致胃痛、腹泻、便秘等问题。

（4）呼吸系统。长期的负面情绪会影响呼吸系统的健康，出现呼吸困难、哮喘和肺部感染等问题。

（5）骨骼和肌肉。负面情绪会导致肌肉紧张和疼痛，增加骨折和患关节疾病等风险。

……

其次，负面情绪还会给我们的生活与工作带来不良影响。如果我们以消极态度对待人际交往和工作，可能导致人际关系不佳、工作表现差等，影响我们的生活质量和工作的开展。

最后，负面情绪还会影响人的记忆力，让人容易变老、身心交瘁等。

可见，负面情绪对人的伤害极大，因此，我们应该尽量避免负面情绪，平时多用正向思维思考问题，同时不断调整心态、调节情绪，让我们每天都充满正能量，健康快乐地生活。

清一清》 无往而不胜　　　　　　　　　　　　>>>

负面情绪对人的身心健康伤害极大！

理一理 ▶▶ 我经常会被哪些负面情绪困扰和伤害？

_____

_____

产生负面情绪的本质

有一次，一个在酒吧工作的同村小弟问我："我为什么总是很容易生气，脾气也不好？"

我说："你是不是总觉得自己对了，别人错了，然后自己还没有其他办法？"

他说："好像就是这样。"

负面情绪对人的伤害显而易见，那负面情绪的本质是什么呢？无论是哪种负面情绪，其本质都是所见的人事物不符合自己的标准和价值观，继而就会在心里产生质疑。

当然，如果所见的人事物优于自己的标准，有人会因佩服而产生向其看齐的想法和觉悟，当然也有人会因嫉妒而形成负面情绪。

之所以如此，"我"是一切的根源。

对于外物与世界，我们能掌控和调整的部分非常有限。比如，对方不尊重你，你却不能强迫对方尊重你，更不能动手打他，正确的做法就是让自己变得优秀和强大，值得让人尊重。

那如何调节情绪呢？根本的就在于，调整自己对世界的认知，在原本认知里认为伤心难过的事，换个角度和身份，也许就会变成喜悦。也就是，抓住事物的本质，多维度地看待它们，这样我们的认知就会得到提高，我们眼里的世界也会变得更加宽广和美丽。

清一清 无往而不胜 　　　　　　　　　　　　　　　›› ››

产生负面情绪的原因很多，所见的人事物不符合自己的标准和价值观是最常见的一种。

理一理 ›› 我常产生的负面情绪有哪些，其本质原因是什么？

_____

_____

关于物自体的多维度认知

对同一物体，不同的人有不同的关注点和意识反应。举个例子。

同样是看到一把菜刀，厨师的第一反应一般都是用于切菜是否足够锋利，能否切断排骨；如果是医生，可能会习惯性地对比与手术刀的差异；如果是铁匠，首先想的是这把刀打磨得是否到位；如果是商人，会想这把刀能否卖出去、卖给谁、卖什么价格、能否盈利；如果是史学家，可能会想千年后能否成为古董……

可见，面对世界和人事物，我们会随着身份的变化而形成不同的主观反应和认识。

1. 关于身份和立场

身份是自然变化赋予人类的，我们从出生的那一刻起就自然地被称为"人"：出生后被家人抱起，被称为"孩子"；进入学校后，被称为"学生"；毕业后，被称为"社会人员"；牵起异性的手，被称为"恋人"；迈入婚姻的殿堂，被称为"丈夫/妻子"；宝宝出生后，被称为"父母"；在公司岗位上，被称为"员工"；独自创业，被称为"老板"；站上讲台，被称为"老师"……

其实，从另一个角度来说，这些身份都是人类的主观选择。我们一旦成为某个身份的人，就要主动承担起这个身份肩负的责任和使命。水会随着容器的变化或温度的变化而变化，同样，人也会随着身份和立场的不同而对事物产生不同的认识。

2. 关于维度和视角

以物体"刀"来说，从不同的维度看，看到的情景都是不同的，比如，刀尖、刀背、刀口、正面、侧面、反面、剖面……可见，从不同的维度看，呈现的本体与使用价值都不一样。同样，从不同视角看事物，结果也都不一样，比如，正视、侧视、俯视、仰视……从不同的视角观察同一事物，结果也不一样。

今天，自然科学和社会科学都已经发展到很高的水平，对于宇宙和物自体，从人类的视角来看，无论使用多少倍数的放大镜、显微镜和望远镜，看到的也非常有限。正如苏格拉底所说，我唯一知道的就是我一无所知。当我们认识到自己的渺小、认知能力的有限、视角的狭窄时，我们就不会那么固执了。

所谓"宇宙"视角，就是指跳出我们所生活的环境，站在更高的维度、更高的视角看问题，以期能够看到更多事物的本相。而局限于自己的视角看事物，就无法找到更多的方向与方法。只有站在更高的维度，从多个方面看待事物，才能找到它当下最好、最美、最有价值的一面。

3. 关于时间

2000 年前用来吃饭的碗，放在今天，可能就是一件价值连城的文物，可供研究，可供欣赏，可供使用，也可供收藏，甚至在某些人眼中还可能是一件宝贵的艺术品。

放不下过去让你痛苦的事或人，你就只能活在过去，走不出过去的痛苦。比如，你刚进入社会时身上没什么钱，为了省钱，只能吃大泡面、住地下室；如果你现在依然会不时地想起那些日子且痛哭流涕，就是依然活在过去，即使现在生活条件再好，你也不会感到开心和快乐。

哲学家和物理学家分别对时间下过不同的定义，而对于普通人来说，我们只需要明白一个道理——事物会在时间里变化运动，同一件事和同一件物，在不同的时间里，会有不同的呈现和结果。正向看过去，过去的穷困就是在激励你积极奋斗、勇往直前，这时穷困就变成了你成功的基石。反之，即使你今天生活条件不错，却总是担心未来会失去什么，并为此感到痛苦和焦虑，那么，当下的你也不会感到幸福。

人生短短几十年，可以简单地划分为过去、现在和未来。从本质上来说，过去和未来是不可触达的，只有当下才是真实的存在。而如果你肉身活于当下，精神却活在过去和未来，那么你的人生就是虚幻的，就是不真实的、不客观的，也许你会过度的忧愁，也许会过度的欢喜。在过去、现在和未来的不断拉锯中，你的身心灵也会逐渐分裂。

人生由无数个当下的瞬间组成，我们之所以要回忆总结过去，是为了更好地看见当下；我们之所以要展望未来，同样是为了在当下选择更好的方向。唯有珍惜当下、活在当下，才能捕捉到真实的存在与幸福。

4. 关于空间

用宇宙的视角看世界，如同用导航指引我们前行。我们之所以要从空间的视角讨论事物，只是为了辩证地说明物自体在不同的空间和维度存在不同。比如，一把刀，放在手术室，可以救人性命；放在战场上，可以刺杀敌人；放在厨房，可以切菜；放在屠宰场，可以杀猪宰羊。再如，一碗水，在低温时是冰块，在高温时会变成水蒸气，在正常温度下则呈液态……

同样，在不同的空间环境里，我们有着不同的价值和意义，因此，我们要将自己放在一个自认为最有价值和意义的空间里成长。对于同一件事物，我们不必有欢喜或失望的情绪，因为在这个空间里我们看它没有价值，换个空间，也许就很珍贵了。因此，只要主观地改变事物的空间，就能让它更好地发挥自身价值。

清一清 无往而不胜 >>>

多维观世界，所有的标准与定义都是相对的，因此，万事皆可发展，万物皆可有为，一切皆可在正向思考后创造无限可能！

理一理 ▶▶当下我最不能理解的事物有哪些？

_____

_____

关于人的自我认知

我曾给一位劳斯莱斯车主定制过车内地毯，他提供的原车的地毯样是尼龙纤维，我们需要用同样材质的原材料按 1：1 的比例染色做出来。

　　很快，我们就做出了样板。然后，我们在室内进行对色，看完之后，大家都说做得很好，颜色几乎一样。然后，我们将其拿到室外阳光下，结果却让所有人都感到诧异，"完全不对"。接着，我们又将其拿到对色箱下进行对色，结果是"90% 接近"。之后，我们进行了多次调整，但都和之前一样。最后，我们觉得应该放在车里对色，而且也是这样做的。按照这个标准，我们终于做到了颜色和之前的完全一样。

　　我们很高兴，立刻将样板发给客户，客户的回复却是"颜色不对"。我们开始了讨论，最后得出结论：我们是放在奔驰车里作比对的，他的车是劳斯莱斯；此外，车停的位置不一样，光线也不一样，而客户的核心诉求是把颜色做到跟原来的一样。

　　为了满足客户的需求，我们又开始调整颜色，结果反复修改了几次，客户都不满意，最后实在没办法了，就建议他用羊毛做，结果居然做出了让他满意的颜色。

　　可见，事物的好坏、对错需要在特定条件下进行评判。如果不需要外在条件的限定，那什么才是对错呢？如果需要，那外在条件又如何限定呢？

　　什么是认知？康德在批判哲学里提到了几个有关认知哲学的最棒的概念：一是直观认识；二是感性认识；三是经验认识。为了帮助读者理解自我认知，尤其是由认知造成的负面情绪，我对这些概念进行了自己的分析与应用。

1. 直观认知

所谓直观认识，就是通过眼、耳、鼻、舌等身体器官接触事物后得到的最直观的原始数据或原始材料。比如，在太阳光下，我们可以用眼睛直观地看到两块地毯的不同颜色。

大自然赐予我们身体时，本自具足了所有功能，不进行任何理性或感性的干扰，让身体器官接纳觉察事物，就可以获取最原始的认知。

2. 主观认知

过去只要一闻到榴梿，我就觉得很臭，觉得它不好吃；可是身边的人却说榴梿好吃，是"水果之王"。渐渐地，听得多了，我就改变了对榴梿的看法，开始品尝，随着次数的增加，我反而喜欢上了这种水果，觉得那个臭味是香味，非常好吃。

这就是典型的从直观认识到臭味，再慢慢主观地变成香味的经典案例。

3. 理性认知

地毯对色一事，在房间里的普通照明灯下是一样的，在阳光下却存在很大的差异，当直观和主观无法形成共识时，要进行理性思考，理性认识事物的本质与本来面目。

那何为理性认知？还是以我们给客户定制地毯一事进行说明。我们使用的纱线材料也许比原版更好，但也要看原版的具体参数，如纱线的孔数、规格密度等是否一样。这就是一种理性认识。

4. 经验认知

所谓经验认知，就是从过往经验中所得出的可以作为判断依据的认知。同样是地毯的案例，根据过往的经验，看到地毯的样式、厚度和重量等参数，就知道要用什么纱线、什么织法、多少克重、颜色配比、多少成本等。

5. 先验认知

为了实现目标，结合过往所有的直观、主观经验等认识，将目标分解成多个更小、更细的目标与动作后进行演绎推论，并不断地测试推论，让推演变成现实。这就是创造性思维，也是先验认知的一部分。

再说回做地毯这件事，为了做出一款从未有过而又超出劳斯莱斯原版的地毯，我们只有基于过往对于原材料、织造工艺、颜色、设计等的经验，来设定生产这款定制地毯所需的参数，以求做出一款极致的新品，满足用户对于舒适度、时尚感等的需求。这就是对先验认知的理解。

清一清 ） **无往而不胜** ﹥﹥﹥﹥

　　世界是无限的，事物是多维的，认知是有限的，以有限的认知定义多维的事物，负面情绪就会形成，因此我们应该不断提升自我认知，去认识和探索事物的其他层面和维度，以拓展我们的思维方式，帮助我们消除负面情绪。

理一理 ▶▶ 我有什么最难化解的负面情绪？

_____

_____

关于正向思考

　　一天早上，我骑电动自行车送儿子上学。

　　我问："如果我们家条件一般，没有汽车，只能骑自行车送你上学，看到别的同学都是家长开车送，要怎么样你才不会感到难过呢？"

　　他说："我想想啊，有没有什么善意的谎言。"

　　我说："不要善意的谎言，我需要你真实地觉得不难过的点，骑自行车有什么好处。"

他说："骑自行车很热血，很帅，很拉风。"

我说："还有吗？"

他说："咱们是敞篷车，很凉快，不闷。"

我说："还有吗？"

他说："有人坐车会头晕，没听过骑自行车头晕的。"

我说："还有吗？"

他说："对，不会堵车。"

我说："除了不堵车，还有吗？"

他说："对，不用担心停车位。"

我说："还有吗？"

他说："自行车骑得慢，但更安全，不会像开车那样发生交通事故后受伤。"

我说："还有吗？"

他说："自行车不用加油，也不用花那么多时间和金钱去维修和保养。"

我说："还有吗？"

他说："可以锻炼身体。"

我说："我们已经到学校了，最后你再说一个觉得骑自行车不错的点。"

他说："对，骑自行车我可以多抱抱爸爸。"

　　看到骑自行车居然有这么多好处，估计很多有豪车的人都想骑自行车送孩子上学了，没汽车的朋友也会因为骑自行车而变得更快乐，这就是正向思考。这就是现实生活的写照。即使是一件小事，只要进行正向引导，都能让人正向思考。

　　正向思考不是教人知足常乐，而是去欣赏、感恩已有或已发生的一切，在此基础上，用辩证思维从不同视角去看问题，激发积极向上的正能量，让人产生更大的力量，努力实现目标。

　　可见，凡事正向思考，更有利于事物的发展与进化，因而我们要提倡正向思考。

　　正向思考是一种创造性思维，从已知推演出未知，从有限的认知探索出无限的未知，通过已知揭示事物的不同维度，就能形成正向的积极思维方式。

　　1. 正负向思考对比

　　（1）正向思考带来正能量。正向思考是以一种开放的心态，迎接所有建设性讨论，接受事物的变化、进步和发展，随时准备迎接新的体验，所获得的反馈都是正向的，传递的能量也是正向的。为成功找方法，不为失败找理由；为目标而努力奋斗，即使没成功，也能获得不一样的人生体验；不执着于自己的标准和认知，喜欢一切新兴事物；常说"生命就是体验的总和"，善于总结过去，展望未来，不会为过往忧伤或喜悦，也不会为未来的不确定性而感到焦虑和恐惧，能够坦然地活在当下。

相信自己，信任他人，有能力迎接一切。

（2）负向思考带来负能量。负向思考是以一种封闭的心态，拒绝接受任何自己认可和认知以外的建议和结果，不接受事物的变化，沉迷或沉浸于过去的成败、忧伤或欢喜中，执着于过往的经验和自身的认知；常恐惧、焦虑，不喜欢事物发生变化和改变，习惯性先看到事物的不足，习惯性否定自我和他人，并给予负面反馈，传递负能量；停留在原有的舒适空间，理所当然地觉得什么都不用做；习惯性对自己进行负向定位，比如，"我很贫穷""我很焦虑""我什么都做不好""我不够好"……

不相信自己，也不轻易相信任何人，用怀疑的态度看待一切。

（3）思考方式不同，带来的理念也不同。正向思考会让人热爱生命，相信自己是有价值的个体，相信自己和其他人不一样，有无穷的潜力待挖掘，只要努力，就会变得更好，就能变得了不起，能主宰自己的命运，以运动和变化的观点看待事物；负向思考是消极的，轻视个体生命的价值，认为人类的智慧是有限的，坚定自己的认知是真理，不可被改变。

2. 如何发展正向思考

正向思考是一种确保以积极心态思考的方法，可以帮助我们更好地应对挑战，让我们充满自信、变得乐观。那如何发展正向思考呢？以下是一些建议：

（1）认识到自己的负面思维，并尝试纠正它。

（2）培养感恩之心。培养自己认识美好事物的能力，让自己拥有感恩之心。

（3）专注于解决问题。遇到困难时，不让负面情绪控制自己，而是采取积极行动来解决问题。

（4）接触积极向上的人和事。例如，阅读启发性书籍或听取正能量的音频等，都有助于保持积极的心态。

（5）练习自我认可。认可自己所做的一切，即使是小事，也要给予肯定，以增强自信和积极性。

正向思考的关键点包括以下几个方面：

（1）态度积极。积极的态度可以帮助我们更好地应对挑战和压力，有助于发掘和利用机会。

（2）自我启发。通过自我启发，提高自己的精神状态和意识水平，能够达到提升自信心、自尊心和自我价值感的目的。

（3）专注于目标。确定明确的目标，通过正向思考，采取有针对性的行动来实现目标，让我们最终走向成功。

（4）乐观主义。保持乐观，无论发生任何事情，都相信会变得更好。

（5）适应能力。具备适应环境变化和不确定性的能力，以及积极寻找解决问题的方法和策略的能力。

（6）心理韧性。能够在面对挑战和困难时保持坚定和弹性，从而帮助自己快速恢复并重新出发。

清一清 无往而不胜 >>>>

正向思考是以一种开放的心态，迎接所有建设性讨论，接受事物的变化、进步和发展，随时准备迎接新的体验，凡事先给予正向反馈，传递的是正能量。

理一理 ▶▶ 我需要学习正向思考吗？

_____

_____

五、方向篇——正向观万物

　　明代哲学家王明阳说过："无善无恶心之体，有善有恶意之动。知善知恶是良知，为善去恶是格物。"他将这四句话作为行动的指引。

　　站在宇宙视角看人心，本无善恶，只是器官；站在人的视角看人心，就会有善恶的意识区分，知善知恶的良知是价值的指引，为善去恶则是人生在世知行合一的正向修炼。

　　阅读本篇，你将学会正向观万物的方法。

正向看世界

很多人都认可"焦点在哪里，结果就在哪里"这句话，意思是说，你关注什么，就会得到什么。

有的人无论走到哪儿，都会找出不完美的地方，他的世界充满残缺不全的忧伤。

有的人无论走到哪儿，都怀着欣赏与感恩之心，他遇到的都是幸福与美好。

事实上，世界从来都不缺美，只缺发现美的视角和欣赏美的眼光。

世界如此大，选择很重要！从欣赏美的视角去看世界，无论走到哪儿，都能看到美丽风景；以挑剔的眼光看世界，即使走遍千山万水，也只能收获残缺，走过的地方越多，内心就会变得越忧郁。

社会一定是不断进步与发展的。在社会科学、自然科学等领域，探索和改造世界的步伐从未停止。伴随这些领域的发展，人们对世界的认知越来越深入，改造世界的能力也越来越强，人类文明得到更好的延续和发展，人们的生活也变得越来越美好。

世间万物都有其多面性，任何一个事物，如果非要找出负面消极的点，总可以找到。但正面的点更容易找到，且正面的点更有利于事物的进步与发展。

有人喜欢说"一代不如一代"，其实只是自己的偏见，为了显示自己的厉害；或者是为了达到某个目的、证明某个观点。如果同意了他们的这种说法，就会在不知不觉间掉入他们的思维陷阱，进而产生很多负面情绪。

有些人还说"上一代、几百几千年前的人们非常有智慧，今天人类的智慧其实并没有发展"。但人类发展到现在，创造出了无与伦比的文明，这便是现今人类更智慧、更了不起的最好证明。上述习惯从负向、悲观的视角看问题的方式，只会让人产生更多的负面情绪，变得越来越愤世嫉俗。

吾辈中人，生在最好的时代，当珍惜时光，以梦为马，不负韶华，既为社会多做贡献，又适当享受当下的美好时光。满足了物质生活的基本需求后，也努力建设自己的心理和精神家园。

清一清》 无往而不胜

正向观世界，方能有正向世界观。

理 一 理 ▶▶ 我的世界观是什么？

_____

_____

正向观人生

自古以来，多数修行之人都将"修身齐家治国平天下"作为指引。

人与其他动物的区别主要在于，人会为人类、为社会、为自然的改造而协同努力，而其他动物只为自己，所以改造自然和社会的是人而不是其他动物。

同样，值得被记忆的历史人物，无论是古圣先贤，还是思想家、哲学家、科学家，都是因为他们为人类的发展做出了重大贡献，他们自己也因此而变得伟大，变得更

> "古之欲明明德于天下者，先治其国。欲治其国者，先齐其家。欲齐其家者，先修其身。欲修其身者，先正其心。欲正其心者，先诚其意。欲诚其意者，先致其知。致知在格物。物格而后知至，知至而后意诚，意诚而后心正，心正而后身修，身修而后家齐，家齐而后国治，国治而后天下平。"——《礼记·大学》

有价值和意义，受到世人的尊重和敬仰。

个人对人生的态度决定着自己的人生观，人生观反过来又会指引个人度过自己的一生。你我的人生究竟是贡献还是索取，都会受到人生观的影响。

关于人性的善恶，人类争论了几千年，不管是"人性本善"，还是"人性本恶"，其实只是个人视角不同而已。从历史高度与辩证思维来说，无论是社会、国家还是宗教，通常都是引导人向善的；而且，经历数千年积累而成的文化和制度，也以善为指引，致使"善爱"的能量总和大于"恶坏"的能量总和，行善也就成了阳光大道，成了更易成功的选择。

就像经营与投资，在一个成熟的市场，投机者很少有获得成功的，即使靠运气赚来一些钱，也会在不久后输光，只有长期坚持以价值为导向，选择确定性更高的选项，才能持久地赢得财富，成为人生最终的赢家。

那么，对于身处当下社会的成熟的人而言，该选择怎样的人生观呢？生而为人，就应该为社会变得更加美好而做出贡献。

贡献的本身不是付出，不是牺牲，而是努力提高自己的能力，从而为更多的人负责。当你全力为别人、为社会、为国家做贡献时，你的能力不但能得到提高，也会收到来自社会的回馈。

生命的意义在于贡献，在于点亮多大的世界！虽然点亮别人，需要燃烧自己，但同时也可以让自己变得更优秀，这是符合辩证思维的。

当我为 1000 个人做贡献时，即使将折扣打到一折，也会有 100 个人为我；

当我为 10 万人做贡献时，即使打 0.1 折，也有 1000 个人为我。

1000 个人为我，我又何愁过不上好日子？

事实上，当你为 1000 个人做贡献时，可能会有 1 万个人回馈于你；反之，当你只为自己时，可能都不会有人响应你。因此，树立正向的人生观，符合和顺应不同社会的趋势与需求，是人生成功率最高的选择！

清一清 无往而不胜   >>>>>

正向观人生，方能有正向人生观。

理一理 ▶▶我的人生观是什么？

正向观价值

试想：将 100 万元和一堆青草放在一起，牵一只羊和一头狼，再加上一个人。三者的价值取向不同，羊见到草肯定很兴奋，狼看到羊也很激情，而人肯定会选 100 万元。

即使你从未提取和提炼过自己的价值观，你的价值观也会成为你的行动指南与宗旨。因此，只要我们主动正向地提炼自己的价值观，无论遇到任何事，都能更清晰、更快速地做出抉择。

人与人之间因价值观的不同而带来的行为差异，很多时候超过人与羊的区别。某个行为的背后，除了世界观和人生观的指引，最重要的就是价值观。

现代社会很多人都活得很纠结，一方面看到世界的多样性后，对善恶美丑失去判断能力；另一方面看到世界后，会犹豫于人生的选择，是该热血沸腾、轰轰烈烈地过完一生，还是该低调奢华、安安静静地活一辈子。因此，除了正向观世界和人生外，还要辅以正向观价值，形成三观一致的正向，才能产生无尽的力量与智慧，令生活无限美好。

从宇宙视角看世间的一切，没有对错好坏，也没有善恶美丑，无所谓"道"。但千百年来人类基于爱，渐渐形成了大道，"善"成了大道，"行善道"也就成了最宽敞的阳光大道。

正向为善的力量，超越和碾压着各种恶势力，无论是组织还是团体，千百年来都是教导人们要从善惩恶，凝聚起来，为社会做贡献；教育、法理、法律等都倡导和维护"善"道，促进了人类的健康和和谐发展。

爱是宇宙的核心，爱让世界共生共荣！

无论你是清洁工、工人、医生、教师，还是工程师、科学家、警察，每个人所做的每件事，都是有价值的。

无论你在什么岗位，只要知善知恶，就能做出正向的选择，获得不断的成长与成功。

如果你是一名医生，有一颗向善的心，就会制定对患者有利的治疗方案。

如果你是一位企业家，心中怀有善念，就会给客户、员工和供应商等提供最好的产品与服务，努力精进，持续创造，获得最好的回报。

如果你是一名清洁工，想让社区、居民或业主拥有一个干净、舒适的环境，就会努力做好本职工作，提高服务的满意度，同时也能获得更好的回报。

因此，要想获得自己想要的幸福，无论你在什么地方、什么时间、什么工作岗位，只要知善知恶、为善去恶，就能创造正面的、向上的、健康的、先进的、文明的、积极的、有益的价值。

在正向世界观和人生观的指引下，形成正向价值观，就能相互协同，形成正向循环，凝聚巨大的能量，克服所有困难，勇往直前。

清一清 ） **无往而不胜**　　　　　　　　　　　▶▶▶

正向观价值，方能有正向价值观。

理一理 ▶▶我的价值观是什么？

正向看认知

字节跳动创始人张一鸣说："对事情的认知是最关键的。"个人对事情的理解，就是在这件事情上的竞争力，因为从理论上说，其他生产要素都可以通过世界构建（如需要投入多少钱，要招什么样的人，这个人在哪里，他有什么特质，应该跟什么人配合），唯有认知，是你本身具有的，所以，你对一件事的认知越深刻，你的竞争力也就越强。

人与人之所以存在差距，很大程度上是因为"认知"。

近些年，认知的重要性越来越受到重视，如"认知决定财富""认知决定幸福""认知决定格局""认知决定命运"……以致很多人出现了认知焦虑，觉得自己知识不够，继而形成了自卑情结，自闭而抑郁。

客观地说，在万物互联、信息大爆炸的时代，无论你拥有多少知识，都远远不够，因为各专业领域的学习都越来越深入与细化……其实，我们只要在自己的专业领域做到极致即可，对于非自己专业领域的内容，完全可以找专业人士提供服务，比如，生病了找医生，遇到法律问题找律师，想要装修找室内设计师等。

我们可以永无止境地追求、探索对世界的认知，无须焦虑于无法解决的认知局限，我们能做的，就是在有限的生命时间里珍惜时间，努力找到适合我们自己要走的路，然后设定好目标并成功达到。值得一提的是，无论你的目标是什么，只要在完成目标的过程中不断积累，就能丰富达成目标所需的认知。

反之，如果认知不是为生活目标服务的，就会变成一种精神累赘，比如读书。世界上的书，即使我们活十辈子，也读不完，有时焦虑于读书少反而会成为一种束缚。因此，有助于生活目标的达成、能助力自己更好生活的认知才是最重要的。

清一清 无往而不胜 ≫≫≫

正向看认知，每个人都本自具足。

理一理 ▶▶ 我对于认知的重要性是如何理解的？

_____

_____

正向看发展

工作中遇到困难、坎坷、痛苦等考验时，只要不放弃，保持前行，遇到的所有事情都会变成我们前行中的养料，所有的经历都是在为我们更好地发展而积累经验，所有的考验与经历又都是成功不可或缺的一部分。

人类的进化与迭代、人类文明的发展，源于人类主观意识对美好生活的向往，激励人不断地挑战自我、超越自我。

用发展的眼光、开放的心态去迎接所有的事物，用积极的心态与正能量去改变世界，人类的生活才能发展得更完善、更高尚、更美好！

正向的视角与思考是个人和社会发展最重要的思维，保持正向发展的思维，不忘初心与目标，方得始终。用正向发展的眼光看事物，永远不会被困难给遮蔽，才能够辩证地看待事物，保持持续发展与前行。

用辩证唯物思维看待世界，万物一直都在积累沉淀，无论是科学技术、人文，还是社会秩序、管理等，都在变得越来越好。历史的车轮滚滚向前，只有看到这种正向的发展，才能获得正向的能量，为历史的前行贡献自己的力量。

清一清) **无往而不胜**　　　　　　　　　　　　　　　　　>>>>

世界的发展总是不断超越历史的。

理一理 ▶▶ 我是如何看待发展的？

_____

_____

正向看社会

现实中，评判社会的声音总难绝迹，如有人抱怨社会不公，贫富差距大；有人痛心疾首于环境和生态的破坏；有人感叹人情冷漠；有人吐槽生活压力太大；等等。但事实上，这些人所发出的声音并非他们自己的价值观和主张，很多是在人云亦云、跟从和随波逐流而已；而有的人则不受这些负面声音的影响，经过深入体验和观察社会，从中发现了好的一面，找到了向上的力量。

千百年来，社会在不断地进步与发展，抛开那些让人痛苦的战乱时代，即使在和平时期，也难免会出现一些负面情绪，因为多数人都没有足够的智慧去适应和顺应所处的时代。

历史浩浩汤汤不可逆转，本质上，每个时代都比过往的社会更先进。因评判社会的不完美而陷入负面情绪中，只会消耗掉自己身上的积极能量，得到负面反馈，从而让自己深受其害。

社会是一面镜子，你笑它也会笑，你哭它也会哭。

从正能量的视角看社会，心态便会变得积极向上，吸引和得到的也大多是正能量，生活也会变得更美好。

以正能量的视角看社会，就能收获积极乐观的心态，信心十足地面对生活中的各种困难和挑战，从而让自己变得越来越优秀。

不断地看到和挖掘社会好的一面，培养自己的正向思维，就能变得更乐观、更自信、更积极向上，从而获得更多的满足感与幸福感，创造更多的可能性。

正向看社会，为社会的发展传播正能量，是我们每个人都应当承担的责任，也是我们每个人的使命。

清一清 无往而不胜 ➤➤➤

社会是一面镜子，你笑它也笑。

理一理 ➤➤我是如何看待社会的？

_____

_____

六、方法篇——训练正向思考的九个步骤

　　为了实现目标，我们要养成有利于发展的正向思考模式与思维习惯。

　　通过事物呈现的结果，结合所设定的目标，找到正确的路径，正向思考后形成积极的正心，并将正心转化成正行，才能最终拥有正果！

　　阅读本篇，在学习正向思考的同时，结合自己生活与工作中遇到的负面情绪，不断地进行实践、练习与领悟，就能养成正向思考的习惯。

第一步：接纳一切

接纳是正向思考的第一步，也是人生中最重要的修行。

因为无论你是否接纳事物的存在和发生，它们都将扑面而来。不管你是否接纳，也不管你是否担心害怕，你能控制的事情都有限。因而，面对世间万物，你能接纳多少，就能拥有多大的世界。

接纳是人生修炼中最重要的一关。

所有的人事物都有属于自己的频率，只有频率和能量相同或接近才会相遇，因此，你所处的频率和能量决定了你能接纳多少人事物。

如果你的容量只有一个杯子那么大，那么只要一滴墨水就可以将你污染；如果你的容量是大海，纵然有亿万人排污，你都能保持洁净；如果你的容量似天地宇宙般无限大，整个世界都将属于你，你也将与万物同频共振；如果你能接纳所有的发生与存在，必将成为大彻大悟的觉醒者，你的世界也会无限宽广与永久。

当我把海灵格的《我允许，一切如其所是》第一次拿给朋友看时，他首先问的是，你是不是准备"躺平"了？

我说，无论是接纳他人，还是接纳自己，都不是"躺平"，也不是自我放弃，而是客观中立地面对一切，无论是自己的脆弱、不足，还是他人的侵犯与冒失。接纳不是无视无为地纵容，而是允许一切发生后的淡定与宁静，能够更从容、更中立、更客观且不带任何情绪地去洞察事物的本质，更真实地看清自己或事物本真后再做出判断与抉择。圣贤之人不是没有七情六欲，而是不被七情六欲所控制；圣贤之人不是不起心动念，而是不执着于起心动念，能顺其自然而为之。

我允许任何事情的发生。

我允许，事情是如此的开始，如此的发展，如此的结局。

因为我知道，所有的事情，都是因缘和合而来，一切的发生，都是必然。

若我觉得是另外一种可能，伤害的，只是自己。

我唯一能做的，就是允许。

我允许别人如他所是。

我允许，他会有这样的所思所想，如此地评判我，如此地对待我。

因为我知道，他本来就是这个样子。

在他那里，他是对的。

若我觉得他应该是另外一种样子，伤害的，只是自己。

我唯一能做的，就是允许。

我允许我有了这样的念头。

我允许，每一个念头的出现，任它存在，任它消失。

因为我知道，念头本身本无意义，也与我无关，它该来会来，该走会走。

若我觉得不应该出现这样的念头，伤害的，只是自己。

我唯一能做的，就是允许。

我允许我升起了这样的情绪。

我允许，每一种情绪的发生，任其发展，任其穿过。

因为我知道，情绪只是身体上的觉受，本无好坏。

越是抗拒，越是强烈。

若我觉得不应该出现这样的情绪，伤害的，只是自己。

我唯一能做的，就是允许。

我允许我就是这个样子。

我允许，我就是这样的表现，我表现如何，就任我表现如何。

因为我知道，外在是什么样子，只是自我的积淀而已。

真正的我，智慧具足。

若我觉得我应该是另外一个样子，伤害的，只是自己。

我唯一能做的，就是允许。

我知道，我是为了生命在当下的体验而来。

在每一个当下时刻，我唯一要做的，就是全然地允许，全然地经历，全然地体验，全然地享受。

看，只是看。

允许一切如其所是。

————海灵格《我允许，一切如其所是》

不允许、不接纳，是产生负面情绪的根源。从本质上来说，所谓不允许就是跟自己的执念较劲。生活本身是不可阻挡的，你害怕是这样，不害怕也是这样，你拒绝它会发生，你不拒绝它也会发生，既然不能选择事情的发生与否，倒不如选择接受；不跟它较劲，你的内心才能真正强大，减少自我对抗。

真正强大的人不是多元融合，就是气吞山河，他们允许与接纳，允许世事无常，允许生活中出现遗憾，允许自己犯错，允许他人有不同的观点和立场，也允许自己放弃和做不到，因为他们知道这些都是生活的一部分。就像水，它总能根据不同的时间、空间和环境变成该有的样子，让一切自然地发生，反而拥有更大的力量。

允许和接纳一切的发生，你将拥有无穷的力量，无敌于天下。人生就是一场意识的修行，所有事情的发生都是为了丰富自己、成就自己、修炼自己。我们的生命就是为了体验一切，在每个不同的时刻，你要做的就是全然体验和享受。

允许一切随时发生，包括荒唐的事；

允许自己无知无能，允许爱人不爱你，允许孩子不听话；

允许工作为难你，允许生活中的磕磕碰碰；

允许烦恼，允许痛苦，允许情绪，允许无常，允许一切丑恶的人存在；

允许世事无常，允许遗憾常在，允许愚蠢和短浅的存在，允许有人不喜欢你……

勇敢接纳各种最差，才能遇到最美与惊喜，包括最美的人和最美的事。

允许一切发生，你就会惊奇地发现，你的世界如此浩瀚，你的智慧无穷无尽，你的生活如此美好。

允许一切，你就能理解落魄者囊中羞涩的窘迫，宽容穷人一夜暴富后的傲慢，接受井底之蛙的短浅，笑对不可一世的狂妄，看透吹嘘者的虚伪，看见自己内心的偏见和顽固，同时看见自己的成长和使命。

当你的修为越来越高时，就会真正理解：身边的人没有好坏对错之分，只是处在不同的能量与频率，显现了不同的状态，做出了不同的判断和选择。明白了这一点，就能真正生发出源自内心的慈悲和爱，能够做到包容、接纳和善待一切，允许一切发生，让自己变得无比强大。

我们接纳不了什么，那就是我们的一次自我反省与觉醒的机会。因此，要时刻告诉自己：每件事的发生，都是来帮助我的；所有的不如意，都是生活来教我接纳的。允许自己悲伤、焦虑、痛苦、欢乐，就能从中获得无限能量，最终回归平静和安宁。

问题如果能够解决，就不必担心；如果不能解决，担心也没用。

接受当下的事实，你就能立刻从受伤的、痛苦的负面思维的幻想中解脱出来，只不过多数人都是在经历大量的痛苦后才会放弃对抗，被动完成接纳的过程。

世上所有的痛苦，最终都可以迫使人们认识到超越自己认知的关于生命、关于世界，乃至关于宇宙的本质和真相。

无条件接纳自己的所有。我们和外界的关系与我们和自己的关系一样，只有接纳了自己的所有，我们和外界的关系才能变得融洽、顺畅、通透。我们和外在的关系不和谐，是我们和自己的内心不和谐的投射。放下执着，心态就会越来越旷达。因此，要无条件地接纳自己当下的所有状态，不再否定自己，更不要伤害自己，因为没有什么本该如此。

接纳他人的所有状态。他人的状态没有好坏对错之分，他们本该如此,那是他们的生命形态。拿自己的标准去要求别人,自己一定会烦恼、拧巴,因为你不是在跟别人较劲,是在跟自己的执念较劲。要放下自己的标准,允许树成为树、花草成为花草,允许别人成为他自己。既然改变不了别人,就允许别人。不要用自己的执念和标准去要求别人和为难自己,因为你给他人的都是你的,而每个人想要得到什么,都要靠自己的觉悟和修炼去获得。

我们讨厌蚊子,因为它们靠吸食我们的血液而生存,还会发出嗡嗡嗡的声音打扰我们休息;

我们喜欢大熊猫,因为它们长得憨态可掬、趣味十足;

我们害怕蛇,因为它们身上有毒,我们总是担心它们会在不经意间伤害到我们;

我们喜欢大象,因为它们的样子异常憨厚,给人以稳重的感觉;

只要看到老鼠,我们就想拿起棍子打它们,因为它们总是偷窃我们的粮食;

很多人都将猫狗当宠物养,因为它们可以抚慰我们的内心;

我们很怕虎狼,因为它们体态庞大,性情凶猛;

我们喜欢鸟雀,因为它们性格温柔,还能为天空增添一道道风采……

世间生物千万种,不会因为你不喜欢蚊子,它们就消失;也不会因为你喜欢大象，大象就能在你家后花园安居。同样，你不喜欢傲慢自我的人，他们也不会因为你的不喜欢而不跟你相遇；你喜欢帅哥或美女，但世界上的人并不会因你的喜欢而都变得美丽；你没考上理想的大学，国家也不会为了你而重新举办一次高考；你蹉跎了岁月，时间也不会因为你再来一次……

我们身处的这个世界，是由不同性格、不同认知、不同肤色、不同爱好、不同文化的人组成的。如果你只接受你喜欢的人、你喜欢的事、你喜欢的动物和花草，那么你的世界就会变得狭隘。唯有与世界融合，欣赏万物，你才能拥有整个世界！

在对自己做心理疏导时，我最常说的一句话就是："允许一切的发生！"既要允许好事发生，也要允许坏事发生。这不是说我希望坏事降临，而是当有一天坏事发生时，我们要学会去接受它。接受被伤害和遭遇挫败，接受分道扬镳，接受无能为力，更要接受遗憾终生。只有接受了它们，我们才能以平静的心态去对待它们，进而生出去挑战和解决的勇气，想出可以让自己更快乐地生活下去的办法。

在平常的工作与生活中，有些人总是懊悔过往的自己不该做这不该做那，不断地重复过往的忧伤或者曾经的辉煌，永远活在过去的时光里，而无法面对当下的生活或竞争，自然难再有所作为。

有些人工作了十几年甚至一辈子，其实只有一年的工作经验，因为他不喜欢总结，不管对错，只是在原地踏步。这也是一种不允许、不接纳的表现，最终结果就是无法取得进步。

只有不带任何主观意识的判断，才能看见事物最本质的呈现，指引我们达到目的。之后，结合未来想要的结果，明确"当下该怎么做，从哪方面思考，从什么视角找方向，站在什么样的立场……"，这样才能达到想要的目标。

这就是正向思考的第一步，接纳一切！

清一清　无往而不胜 ▷▷▷

1. 要不卑不亢、不忧不喜地接纳天地间所发生的一切，因为所有的发生都如风如雨般自然。

2. 时光不能倒流，过去已经发生的任何事都不会因为个人的意志而发生改变，我们能做的就是想办法让我们的未来更好，更有利于我们目标的实现。

3. 相信任何事情都有利弊，接纳它，从中找出有利于发展的一面，把它变成我们前进的助力。

4. 接纳、允许、觉察、调整。

理一理 ▶▶ 我有什么不能接纳的？

第二步：感恩所有的遇见

如果说接纳是为了获得智慧，那么感恩就是为了获得力量！

2019 年 5 月，美国将华为公司列入"实体清单"，联合多国抵抗、禁用华为的产品与服务，并禁止向华为提供高端芯片与技术。国人愤愤不平，纷纷为华为担忧。

在这生死攸关的时刻，一向很少露面的华为创始人任正非先生却笑眯眯地出来接受采访，他告知大家不但不用担心华为，还特别感谢美国总统特朗普，感谢美国为华为做了那么多免费宣传，本来全世界的人不知道华为这么厉害，如今全世界的人都在议论华为，都认识华为了，我们的市场是特朗普帮我们打开的。美国不断地质疑我们、挑剔我们，是逼我们把产品和服务做得更好，我们的技术是最先进的，又是最便宜的，他们不用我们的产品，那是他们傻啊……

这段发言多么有智慧！华为被一些国家联合抵制，面对巨大的压力，任先生不但没有形成负面的压力和焦虑，反而抓住这一契机，将其变成了新的动力与动能，反向借力形成了巨大的免费推广效应。面对这一事件，任先生坦然接纳，不但没有表现出任何敌意，反而多次感谢他们，通过感恩，从中获得了新的奋斗力量。

这就是最高水平的接纳与感恩！为了实现发展进步的目标，找到最有利于进化与迭代的机会和动能，这就是正向思考的典范。

每一个个体、公司、组织、国家，在任何阶段，都会遇到不同的困难、压力和阻力，用接纳一切的态度，就能保持内心的宁静与智慧，从容面对并想出解决的办法。同时，感恩所有的遇见，甚至把所有的遇见都当作礼物，不但可以获得大智慧，更易看透事物的本质，还可以在事情发生的基础上快速找到新的机会与突破口，获得发展的新力量与动能。

一个男孩不小心摔了一跤，屁股非常疼，可他不但没有哭，反而高兴地爬起来说："感谢，幸好没有摔到头，下次我得注意了。"考试没考好，他也不难过，而是提醒自己学习还不够努力，他说："感谢，幸好不是最重要的高考，我得加倍努力了。"

参加工作后，男孩工作业绩不好，被老板批评，他不但不伤心，还提醒自己努力学习，提升认知，他说："感谢，幸好我年纪还不大，我得努力提升自我了。"

当和妻子吵架要离婚时，他提醒自己是自己对感情的投入还不够，或是自己还没有做到最好，他说"感谢，是自己该调整与进步的时候了。"

被合作伙伴冒犯时，他没有愤怒，而是提醒自己是自己的价值在削弱，他说："感谢，是该努力增强实力的时候了。"

竞争对手抢走了他的客户，他没有生气，而是提醒自己是自己所销售的产品和服务质量在下降，他说："感谢，找到可以学习的老师和提升产品的时机了。"

......

遇到不如意时，以感恩的心态面对，就会莫名地拥有一股神奇的魔力，帮你认清事物发生的本质。你的乐观、积极会帮助你找到问题的根源与新的出路，最终获得更大的成功。

遇到困难时，只看到困难的表象与结果，容易形成负面情绪。一旦形成负面情绪，就只能停留在事物的表面，或只从固有的视角与维度审视问题，无法获得新的突破与可能性。

感恩的魔力不是玄学，而是能量守恒的法则，用辩证逻辑解释就是：

其一，面对所有都心怀感恩，内心就会油然而生出喜悦、快乐和激情等正向能量，反馈给自己，就能实现自我修复与能量维持，是自我充电的一种修炼形式。

其二，懂得感恩，才能吸引外部的能量和能力。无论在任何领域、任何岗位，不懂感恩，当你遇到困难时，谁又愿意对你施以援手呢？

其三，人是有感应的，花草树木、万事万物也有回应。心怀感恩的人将被赐予更多，不懂感恩的人连自己已拥有的也将被夺去。

感恩文化在全世界流行几千年经久不衰，在西方有专属的感恩节，在东方有属于自己的感恩承载形式，比如，纪念祖先，祭拜宗庙，传播感恩的故事或举办歌颂活动等。然而，即使长期宣扬感恩文化，依然有很多人不懂得感恩，或不知道该如何去感恩。

那如何感恩呢？感恩，是一种爱的表达方式。对现有的生活充满爱，就会越来越有力量，越来越懂感恩，从而得到更多的正向回馈，生活也会变得越来越好。

在我们的生命中，拥有和存在的是最珍贵的，也是最让我们感到幸福的，却很少有人会对拥有和存在的感恩，比如，拥有健康的身体，用双手穿衣服、开门、吃饭、开车、工作、撑伞，用双腿支撑起整个身体、行走世界，用嘴巴品尝美味佳肴、表达思想……可是，谁又曾感谢过这些呢？多数人都认为这一切都是自然发生的，只有失去时，才会觉得弥足珍贵。

患得患失，焦虑未来，羡慕别人的好而看不到自己拥有的，是对生命最大的忘恩负义。

幸福并不是得到自己想要的，而是去感谢自己所拥有的，把注意力都放在自己已经拥有的事物上，就会引发内在的爱和感激之情，而这种感受，就是创造更多可能的最重要因素。懂得感恩，你就能拥有丰盛的内心，让自己吸引到更多美好的事情。

人生不是因为拥有才感恩，而是因为感恩才拥有；不是力量决定状态，而是状态决定力量。内心匮乏，抱怨领导，抱怨同事，抱怨社会，只能消耗掉自己的力量，得到更多的负面反馈，最终成为你所抱怨的样子。

感恩不是空中楼阁，也不是镜花水月，而是实实在在地从近到远，从看得见的到看不见的，从已拥有的到即将拥有的。

从近到远就是从离自己最近的开始，比如，感恩自己的手脚、躯体、内脏、眼耳鼻喉、思想，感恩父母的养育、家人的陪伴与成长，感恩工作伙伴……

感恩自己所吃的食物、所穿的衣服，感恩阳光、风雨、空气……

　　感恩自己所拥有的金钱、房子、车子，感恩自己未来会拥有的更多的财富、更大的房子和更好的车子……

　　感恩所有的遇见！即使此刻的你疾病缠身、债务很多、焦虑抑郁、痛苦不堪，也要去感恩。要把所有的遇见都当作生命的体验，遇到好的事情自然心生喜悦；遇到不好的事情，也要告诉自己：这是给自己照镜子，是自我觉醒与修行的绝好机会。无论是坎坷荣辱，还是成功失败，我们都要抱着感恩的心态去对待。从感恩中获得能量，实现自我超越与进步。

清一清）　无往而不胜　　　　　　　　　　>>>>

　　1.感恩所有的遇见，就能心生无穷力量。

　　2.学会感恩，我们就能变得富有而幸福！

　　3.为失去和不得而忧愁，为未发生而焦虑，却看不见拥有的一切和所有的遇见，是对生命最大的忘恩负义！

理一理 ▶▶

我最想感谢的有哪些？　_____

我将如何实行我的感恩计划？　_____

第三步：多维洞察与分析事物的本质

世界是多维的，人类只能在三维空间里认知和探索。认识到这一点，我们就不会执着于自己对事物定义的意义和标准。

人类会因直观和主观的经验认知而形成对事物的惯性定义，但事物本身具有多面性，会随着时间、空间和自身的立场变化而变化。不能自我觉察变化，只用固定的视角与维度看事物，获得的结果多半都不会令自己满意。

好的结果过喜，坏的结果过忧，是因为情绪与主观性屏蔽了事物的本质，让自己变得迷惑，形成错误的判断与自我伤害。只有正向看事物，保持正向思维，身心和谐地产生正念、正行，才会让我们更容易看透事物的本质。

同一事物，我们换一个身份或立场，就会做出不同的主观判断。

同一事物，我们从不同的视角（正视、俯视、仰视、侧视、窥视）去观察，就会发现不同的面。

同一事物，换一个维度，所见就不同。

同一事物，从过去、现在、未来等角度来看，显示的也不同。

同一事物，在阳光下、黑暗中、房间里、高空中、水里等不同空间，所呈现出的形态大不同。

万事万物都有无数个定义，都能在变化中找到有利于自己发展的一面。

因此，不要在原有的视角中执着和痛苦，要坚信一切皆有无数的可能。

通过正向思考，厘清自己的目标，找到达成目标的有利因素，调整自己的身份立场和视角，来多维度洞察和分析事物的本质。

清一清　无往而不胜　　　≫≫≫

1. 万事万物从不同视角与维度去看，都有无数个定义。

2. 为目标发展找到有利因素是正向思考的关键。

理一理 ▶▶我有什么想不通的？

_____

_____

第四步：以目标为导向

一天，朋友古总告诉我，这两天他帮客户处理了一件很棘手的事情。

我问他：具体什么情况？

他说：这个客户来参加广州举办的中国进出口商品交易会，到现场后才发现他预订的摊位根本不存在，他赶忙打电话给展览公司，发现对方已经跑路，而他已经将自己的团队和展品从江苏带了过来。怎么办？他心急如焚，愤恨交加。

我问：你是怎么解决的？

他说：我动用自己的关系，费了很大的劲儿，给他重新找了个摊位，位置还不错。

我说：问题就这么解决了？

他说：那还要怎么样？他是来广州参展的，带着大帮人马和展品，来这里的目的就是拿到订单。而尽快帮他找到摊位，就是我的目的，如今问题解决了，我就该功成身退了，难道还得帮他追回款项，跟他一起将骗子绳之以法？

　　这件事情就是个经典的正向思考的案例。遇到坎坷、麻烦或困难时，很多人都会陷入负面情绪里，忘记了自己本来的目的与目标。其实事情既然已经发生，就无法回头，与其斥责、追究对方，倒不如先将注意力集中在自己的目标上，重新寻找问题的解决办法。待自己的目标完成后，再去追究对方的责任，让对方赔偿损失。

　　即使是心理学家和成功学大师也无法化解已发生的事情带来的负面情绪，最好的办法就是将注意力集中在自己的目标上，暂时忘记事情带来的苦恼，正向思考，达成目标。

　　大多数 80 后小时候生活条件都不太好，有很多东西我们都想吃，比如，豆腐皮、咸鱼、木耳等；而现在生活水平大大提高了，我们可以随意吃自己喜欢的东西，却发现似乎没什么想吃的了，有时候甚至纠结于自己该吃什么，感受不到吃东西的快乐和幸福了！

　　目标是否达成都没关系，最可怕的是没有目标。

　　钱能否赚到，没有关系，就怕自己质疑：到底要不要赚钱？

　　穿不上理想的衣裳，没有关系，就怕自己什么都不想穿。

清一清　无往而不胜　　　>>>>

1.明确的生活态度可以让人的一生变得简单。

2. 目标明确，方有行动指南，行动也才能更高效。

3. 正向思考是为明确的发展目标服务的。

理一理 ▶▶ 我当下最重要的目标是什么？

_____

_____

第五步：思考达成目标的路径

有一次，客户李总让我协助他去竞标一款地毯产品。他说："厂商那边之前已经相中了一款心仪的产品，领导也基本确定了那款产品的手感、厚度、密度等参数，那款产品的原材料是美国进口的，目前国内还没有第二家生产，汽车厂商要求5天内生产出同款产品的样品，并做出报价，进行竞标，我答应了。"

李总一再强调，让我协助他5天内设计出一套完整的样板。李总是我的核心客户，因此我也想协助他拿到订单。且这款产品之前我们也开发过，效果比他手上的样品还要好。因为时间太紧，当时并未大批量生产，所以此时依然有些担心怕搞不定，于是我回答说："我尽量做，明天给您答复。"

第二天，我联系了纱线供应商，对方说："这个产品太小众，根本就没法做，之前也只是打样……"

整整一上午，我都陷入纠结中。一方面李总答应了甲方，我也答应了李总，想帮他争取到这个订单，可是即使是常规订单产品，从纱线原材料到织毯面，再到染色后处理，几道工序下来，即使是一个成熟的产品，生产周期也要一个月。再加上为了争取这个订单，李总答应给样品以及竞标时间只有5天。怎么办？我感到焦虑不安。

在这件事情中，让李总接到订单是我的目标，李总需要在5天内给到样品和报价是实际情况，如果不能在约定的时间内完成，甲方肯定会找其他供应商。同时，原材料的不确定与样板生产的周期又是客观情况，这种情况下我该如何做？

认真分析后，我找到了最佳方案：首先，接纳所有的一切，既接纳甲方要求，接纳李总对甲方的承诺，也接纳自己的原材料和生产情况，但不能焦虑，要以感恩的心态抓住这次机会；其次，分析甲方的需求和竞争对手的产品情况，明确样板与报价目标，然后在此基础上，思考达到目标的路径。

之后，我给李总打了一通电话。

我：李总，您好！首先非常感谢您这么信任我，把这么艰巨的任务交给我，我也很想配合您接到这个大订单，可是有几个情况还要跟您汇报一下，以免耽误了您赚钱，我的压力也很大。

李总：好的，您请说。

我：甲方的样板我已经看了，这是一款原材料来自美国的纱线，通过簇绒织毯后再进行染色，然后进行很多道处理，包括抗紫外线的加强、柔软、亮光等处理，手感特别好，是非常极致的一款产品。而我们去年正好开发过这款产品，且打了样品，手感效果比他们的好，但也只是打了样品，没有正式生产，我根本就不能在5天内做出一套完整的产品。

李总：那怎么办呢？过了这个时间段，甲方就截止竞标了，我们拿不出样品和报价，他们就要给别的供应商做了。

我：我分析过，也打听到，这个样品是一家日本工厂提供的，他们的原材料是从美国进口的，主要有这样几个特点：一是原材料进口时间很久；二是成本高，如果遇到突发状况，就会连续几个月断货而导致无法供货；三是日本工厂的生产成本和利润都比我们高，报价自然也会很高。甲方之所以找您报价，其实就是想看能否找个便宜的替代品。

李总：可是我们已经答应了甲方5天后给他们样板和报价啊！

我：我是这样考虑的，我觉得客户的意思是，他们领导好像只想要这种效果，不一定要这种产品，我们完全可以提供一款自己做的产品，手感比这款好，还非常成熟。我等下给您一个样品，刚好是您现在这个客户所需要的样品，不过只有小的质量样，时间太短，我没办法给您一整套成品样。这样做是为了对甲方有所交代，同时让甲方知道我们有实力、有能力做这个产品，给甲方的价格一定低于日本工厂的报价。这样，甲方就会考虑给我们机会。即使要样品，也会给我们更长的时间，让我们先参与竞标。您觉得我的办法怎样？

李总：行，也只能如此，谢谢了。

这件事带给我的启发是，无论在任何时间、任何情况下，都要先明确自己当下的目的与目标，即使遇到困难，也不要苦恼或焦虑，否则不利于目标的达成，只会让事情变得更糟糕。

在大家的印象中，很多时候，科学家、思想家和大师等都是从容淡定的，好像不管发生什么事，都很难激起他们的情绪。其实，不是他们没有情绪，而是他们没有让自己陷入负面情绪中，仍然专注于思考和解决问题的方法与路径。

每个人在不同的时期都会制定不同的目标，而目标是否能够达成，关键在于能否找到完成目标的合适的路径。

清一清　**无往而不胜**　　　　▶▶▶

1. 梦想是灯塔，实现梦想的计划是地图。

2. 聚焦于目标而非因困难让自己陷入负面情绪。

3. 专注于目标，思考完成目标的方法和路径。

理一理　▶▶我能够为制定的目标找到完成的可行性路径吗？

_____

_____

第六步：正向引导

设定目标后，要想提高执行力，还需要激发强烈的意愿。意愿不强烈或遇到阻力就焦虑、徘徊不前，是无法完成目标的，需要进行正向引导来消除负面情绪。

正向引导分为正向引导自己和正向引导他人。很多时候是自己正向引导自己，因为"我"是一切的根源，要想做好一件事情，首先要正向引导自己，然后再跟他人协同，因此正向引导是先引导自己，再引导他人。

通过主观调整自我正向引导的方法如下：

1. 提升立场

提升立场，其实就是换个立场来看问题，即所谓的"站高一线看问题"。

如果你是员工，只要站在老板的立场，就能知道自己该怎么干更好。

如果你是老板，只需站在消费者、行业或社会的立场，就能知道自己该怎么干。

如果你和配偶发生了矛盾，只要站在对方的立场，很多问题就能立刻明朗。

如果作为子女的你无法接受父母的管教，只要站在父母的立场，就能知道该如何做子女。

2. 转变视角

转变视角看同一件事物，所见的也会有所不同。同一把刀，从平面看，它就是一块铁；从背面看，它就是一个长方形的钢片；从刀口看，它锋利得吓人；从刀尖看，它锋芒毕露；从刀把看，它可能就是一块圆形木头……因此，当用原有定义不能达到想要的目标时，不妨换一个视角看是否可以。如果用原来视角看一件事很悲伤，那么完全可以换个视角看能否找到快乐的理由。

3. 变换时间

任何事物，只要转换时间，就会具有不同的价值和意义。比如，昨天的贫困，在昨天你会认为是一件忧伤的事，而今天它可能就会成为激励你成功的理由，明天它可能就会成为你人生难得的回忆。1000 年前，一个普通的饭碗只能用来吃饭，今天它就可能变成无价之宝或研究历史的资料，明天则有可能变成可供收藏的艺术品。因此，凡事不要只看当时，学会变换时间来看，总能找到它美好的一面。

4.转换空间

一件事物、一个人，在不同的空间维度会有不同形式的呈现。比如，江水，在江海里是水，在化学家的容器里是一氧化二氢，在茶壶里是茶水，在高温下是水蒸气，在低温下是冰块，在染料里是染浆，在云海里是雾……同样，如果不能如愿达成目标，转换空间来看，也许就能找到较好的达成目标的方法。

为了达成目标，我们可以通过以上方法进行正向引导，以便顺利地完成目标。

清一清 无往而不胜 ▶▶▶▶

1.即使是再完美的地图，也不能将你带到目的地，唯有强烈的意愿与坚持不懈的执行才能达成。

2.只要努力过，无解也是一种答案，没有结果也是一种结果。

理一理 ▶▶我将如何正向引导自我与他人？

第七步：正向反馈

2018 年的最后一天，我约几个要好的兄弟游览韶山，并各自对这一年的工作成果做汇报。

一个兄弟谈到他的经营状况，说他年度营业额为两亿元，连续三年保持了 20% 的增长，净利润率达到 15%，但产品满意度不高，客户投诉率、退换货达到 15%，完全靠销售拉动。之后，他让我们轮流给建议。

大家都是多年的好兄弟，每年都会头脑风暴几次，自然就能坦诚直接地回应。

我们的问题主要有两个：一个是产品质量太差，退换货 15%，费用太高；一个是定制产品退回来后就没用了……最终，建议他提高产品品质，努力提升营业额和利润率。

我们还调侃他是一个没有责任感的人，给了他一些很直接的批评，虽然出发点都是希望他可以更好，结果他却很生气："你们都是外行，不懂我们行业，简直鸡同鸭讲。如果让你们管产品和质量，整个摊子都要瘫痪，更别说营业额了，还能赚什么钱……"

结果，整整一天他都很不开心，话也很少。

事后，我对这件事做了总结，居然发现我们犯了一个致命的错误，即用错了沟通方式，少了称赞，多了批评和调侃！难怪他会不高兴。

其实，无论对方修养多高，处于什么境界，是什么身份，即使彼此的关系再好，都要先说些好听的，再提需要提升和改进的意见。朋友工厂连续三年保持 20% 的增长，年利润 3000 万元，成绩确实不错。我们应该先欣赏他的挣钱能力，以及这一年的辛苦付出，给予他赞许与鼓励，然后再给他提建议，比如，如何提升品质、降低客户投诉率，保持更高的增长率，在新的一年实现更大的成长等。用这种方式沟通，他不仅可以得到盈利的正向反馈，得到兄弟对他个人能力的认可与欣赏，也能得到改进建议，以让他来年更有信心，实现更大的进步。

每个人都需要正向反馈，因为正向反馈是获得力量的关键。富者通常能够变得更富有，一个很大的原因是，他们可以得到更多的正向反馈，更有前行的力量。

正向反馈是沟通中的润滑剂，是给他人最好的礼物；负向反馈容易令人产生负面情绪。要知道无论任何事情，在任何时候，都有做得好和需要提升的地方，所谓正向反馈就是先对做得好的地方进行反馈，然后将做得不好的地方转化成需要提升的点。这不是消极的负面思维，而是正向思考与正向反馈的必然做法。

用批判性思维，只能看到不足的地方，不但会给自己累积诸多负向反馈，形成负面情绪，还会消耗自己的能量。在情感、合作、雇佣、家庭、同学等关系里，都需要正向反馈，让对方和自己都获得积极的力量。因此，在平时，我们要学会多给他人正向反馈，以让他人充满正能量，反过来再影响我们，让我们也正能量爆棚，从而促进事情的顺利发展或关系的进一步增强。

清一清) 无往而不胜 》》》》

1. 正向反馈给予人持续积极的正能量。

2. 每个人都需要正向反馈。

理一理 ▶▶ 我每天如何给自己和他人正向反馈?

_____

_____

第八步：正向调整

2023 年 9 月，华为发布最新款手机 MATE60，这意味着华为高端手机冲破西方围堵，实现了技术突破，再次王者归来。当然，这主要得益于华为之前的战略调整。

三年前，记者采访华为任总时问，若美国成功地让其西方盟友抵制华为，该怎么办？

任总说："西方不亮还有东方亮啊，北方不亮还有南方亮。美国不能代表全世界，美国只代表世界的一部分。"

记者问任总，华为是不是到了最危险、最危难的时刻？

任总笑眯眯地说："孟晚舟事件没发生时，我们公司确实是到了最危险的时候，惰怠！大家口袋里都有钱了，不服从分配，不愿意去艰苦的地方工作，是危险状态了。而如今我们公司全体振奋，战斗力蒸蒸日上，怎么就到了最危险的时候呢？应该是处于最佳状态。"

记者问，美国这么反对您，您觉得美国是敌还是友？

任总答："我们要向最优秀的人学习，即使人家反对我，我也要向他学习，不然我怎么能先进呢？美国制裁我，只是少部分人的意见，不代表全美国人民，也不代表美国的企业，我们还是真诚地跟美国企业加强合作。华为生存下来的唯一措施，向一切先进的老师学习。我们应该真正地向他们学习，将来才能有继续前进的可能性……"

美国联合西方多国围堵华为，客观上说，华为遭遇了前所未有的阻力与困难。高端手机需要的高端芯片和其他组件，由全世界的技术整合而成，一旦部分技术被西方禁售，华为的高端手机就无法再生产。为此华为决定先"活下去"，在生产其他产品的同时，韬光养晦，研发最高端技术，以待有朝一日冲出重围。

试想，如果当时的领导层不能做出正向的调整，陷入焦虑与担忧的负面情绪中，公司就无法承受如此巨大的打压了；如果老板不能给大家信心，员工就会渐渐失去信心而离开，根本不会振奋起来一起迎接这项挑战。

同样，当我们在工作、生活中遇到困难时，也要进行正向调整。

比如关于婚姻，互联网上曾出现过这样一个段子。

出生于 20 世纪 70 年代的人不管和不和都要在一起；出生于 80 年代的人会努力调整磨合，不和再说；而出生于 90 年的人不和就换一个；00 后则直接说恐婚……到底哪一代人是正确的，我们不在这里进行评论。但对于婚姻，如果彼此都没有做出超出底线的事，我们就应当珍惜，因为好的缘分来之不易。

对于两个来自不同家庭的男女，结婚就是为了获得幸福。然而，在日常生活中，随着各种问题的逐渐增多，双方难免会产生抱怨和指责，从而制造和传递一些负面情绪，再经过吵架或分居等后，最终两人很可能会不欢而散。其实，男女在一起生活，彼此的性格不同、受教育程度不同、对事物的认识也不同，发生一些小矛盾很正常，只要不是很过分，我们都应当不断地进行正向调整，逐渐磨合，多看对方的优点，多看对方对家庭的付出，关爱对方，少些唠叨，就能打造和谐的婚姻。

同样，在工作中，不管你制订了怎样的目标计划，在具体执行时也往往会偏离目标或出现不如意，此时要想如愿达成目标，就要不断地做正向调整。

清一清 无往而不胜 ▶▶▶

世界唯一不变的就是天天在变，没有一劳永逸，以不变应万变的方法就是不断做正向调整。

理一理 ▶▶ 在生活和工作中我需要做哪些正向调整？

第九步：正向循环

正向循环的对立面是负向循环，即恶性循环，一旦进入恶性循环，负面情绪就会主导你的行为，让你失去理性与智慧，失去能量，自然就得不到满意的结果。不如意的结果经过叠加，又会进一步加剧自己的负面情绪，久而久之，就会影响到身体健康、心理健康与精神健康，最终令自己诸事不顺，生活过得一地鸡毛。

反之，进入正向循环后，我们会变得积极乐观，心理能量充足，无论做什么事情，都特别有力量、有信心；面对困难和问题时，也能智慧地处理，实现好的结果，获得正向反馈，从而让自己变得更有信心、更有力量，最终进入正向循环。

这就是富裕的人越来越富、健康的人越来越健康、自信的人越来越自信的主要原因。

因此，要想让自己进入正向循环，首先要学会正向思考，养成正向思考的习惯，之后形成正向的念头、正向的心态，进而形成正向的成果与正向反馈，最终实现正向循环。无论面对任何人事物，我们都要接纳更多感恩的力量，不断达到目标并形成新的目标，如此重复叠加，形成正能量闭环。

清一清　**无往而不胜**　　　　　　　　　　　　　　>>>>

　　正向循环是实现正能量的魔法棒，实现正向循环的首要因素

是正向思考。

理一理 ▶▶ 从今天开始，我如何做到凡事正向思考，实现正

循环？

_____

_____

七、实践篇——正向思考幸福人生的八大应用

俗话说，"不如意事常八九，可与人言无二三。"面对生活的不如意，很多人都用这句话进行自我安慰。有些人觉得追寻幸福很难，可它其实一直都跟随着你，只是你未曾留意或意识到。

所以，生活中我们要多用正向思维去想事情，去发现生活中的幸福和美好。所谓正向思维，就是不断地提醒自己"我很好"，比如："我很健康""我很快乐""我很富足""我本自具足，即使现在没有，只要我想要，迟早都会有……"持续地给自己正向暗示，让自己进入一个正向循环，拥有更大的力量，获得更好的结果。如果以终为始，就要先给自己设定一个好的目标，然后再假设好的结果，最终实现这个结果。这不是自欺欺人，而是一种辩证思维。

本篇中，我将以亲身成长经历为例，从家庭、学习、工作、健康、人际和财富等方面讲述正向思考的实际应用。

应用一：正向思考家庭

故事主题：超越贫困原生家庭的自卑

我出生在湖南郴州的一座偏僻的大山里，我们乡是特困乡，我家是特困户。1993 年时当地市委书记曾带领扶贫办领导到过我家送温暖：100 斤大米和 100 元钱。这不仅是给我们的物质资助，更是一种精神上的鼓励和温暖。

我母亲是个残疾人，我下面还有两个小妹。为了养活我们，父亲起早贪黑地劳作，但除了种田、养猪、砍柴外，我家几乎没有其他任何经济来源，遇到生病、买衣服或上学等情况，父亲都不知道如何应对。我家通常每年养两头猪，过年杀一头、卖一头，但除去购买小猪和喂食的钱，能不亏钱，就不错了。记忆中，母亲每天都会拖着残疾的双腿去给猪喂食，不知道摔过多少跤。

我的童年没买过玩具，没买过新衣服。我从五岁起就开始放牛，不管什么天气！那时，我们村一共有十几头牛，放牛时我喜欢玩泥巴，有时会玩得忘乎所以而忘了牛，发现牛不见了，我就会去找，找的次数多了，就能根据牛脚印的大小、形状、深浅等特征很快将牛找到。那时候，我最喜欢下倾盆大雨的天气，因为只要下大雨，我就不用早起去放牛了；再加上下过雨后牛走过的路上脚印特别清晰，即使丢了，也容易找到！直到现在，我依然最喜欢下雨的天气，越大越好，一下雨，内心就特别宁静，可以心安理得地不用去干活。

记得小时候去县城姨妈家拜年，天寒地冻下大雪，大家围着火盆烤火，我冻得发抖，却咬牙说，不烤火，我不冷！因为我不好意思将自己破烂的解放鞋和袜子露出来。

我母亲身体不好，髋关节坏死，不能正常行走，不能正常干活，她经常唠叨和指责我们，比如："还不去看书""还不去放牛""还不去种田""不读好书看你以后怎么样"……七岁那年，我捡农药瓶卖了 1 毛钱，然后买了一包杨梅干，这也是记忆中第一次自己买东西，我母亲却含着泪骂了我一个下午，说我不懂事、不节约……总之，我从没得到过一句夸奖，听到的永远都是"你这不行那不行"。

我长大后，在 2010 年给我妈换了人工关节，结果发现她还患有口腔恶性肿瘤。她动过无数次手术，都硬生生挺了过来。换两个髋关节时，第一只脚换了 14 袋血，第二只脚换了 11 袋，她都咬紧牙关没喊一句痛。她是如此的辛苦，如此的不容易！

2017 年，几个好兄弟一起在西藏自驾游，说到母亲，我抽泣到不能呼吸、不能说话。因为我深知她这一生有多么不容易，我应当感恩她、体贴她、顺从她，可是我却经常忤逆她，甚至还有怒火。童年时期的指责、抱怨和唠叨，让我深受其害；噩梦般的童年，需要我用一生来修复。不过只要一想到她的不容易，一想到我对她的态度和行为，以及她的身体状况，我就会难受到窒息，我更怕将来"子欲养而亲不待"，因此伤心至极。

现实中，贫困的家庭千千万，像我这样的或者比我更贫困的也有，但我们都无法选择出生在一个什么样的家庭，能做的就是努力改变家庭面貌。虽然原生家庭对我们一生影响很大，但每个人都可以通过后天的努力去获得自己想要的生活。

曾经有一个朋友跟我比苦，他说他十四岁来广州做民工，干过无数苦力活，历经千辛万苦与坎坷，走到今天，往事历历在目，不堪回首。

我说，你的苦是来自身体的苦，我跟你不一样，我的苦在于懂事太早，九岁就仰望星空，思索生命的价值与意义，但面对生活时，却无能为力地抑郁与焦虑，想得太多，自己又腹中空空、两手空空，这是一种心理、精神与身体长期拉锯与分裂的苦。

因为家庭贫困，加上从小又在母亲的骂声中长大，让我从小就无比的自卑、抑郁、压抑……我没有快乐、没有自信，更不知道什么叫幸福。这种心理状态在我长大成人后的很长一段时间里都困扰着我，不管我用什么方法、学习什么心理课程，都不能得到缓解。

这并非因为物质的匮乏，更多的是来自心灵的枷锁，是认知的贫乏让我的心理处于困境。

贫寒家庭的本质是物质的贫乏，更是认知和精神的贫困。处于社会最底层，见识和对世界的认知很少，导致无法在竞争中占有优势。面对贫困的原生家庭，下一代如果不能突破原有的认知与圈层，延续原有的贫困也是大概率事件。如同一个人常年只坐同一班列车，那么他就只能长期重复同一段行程，看同一种风景。要想让自己在旅途中看到不同的风景，就要换一班列车、换一个行程。而行驶的列车就如同贫困的家庭，行程就是由贫困家庭所带来的认知和圈层，因此，唯有离开原来的"列车"，换掉原先的"行程"，我们才有可能冲破原生家庭的束缚，获得新生。

真正让我觉悟的是在肇庆鼎湖山的一次闭门自参。那次我将自己走过的人生像放电影一样做了回放，回想三十多年的坎坷经历，从一贫如洗到取得如今的成绩，我觉得自己做出的选择都是被动的、无奈的、不得已的，抱怨、不满、悔恨和自责等负面情绪充斥其间，让我难有欢乐与幸福。我想，如果后半辈子依然这样过，那我只能更痛苦，怎么办？我用了正向思维法对过往的经历进行了重新思考，我意识到，如果不是这些经历，我能取得如今的成绩吗？无论是财富，还是物质，我都应该感恩过去所经历的一切。贫困、指责、抱怨和坎坷驱使我与恐惧、焦虑同行，让我拥有智慧、认知和财富。当然，如果我能提前正向思考如何面对贫困、抱怨、无休止的批评，过往的我肯定会拥有更大的能量，取得更大的成就。反之，如果不能释怀、不能与过去和解，纵使家财万贯，也不可能过得幸福安康。为了不让自己一直活在过往的贫困里，为了让自己远离自卑痛苦的深渊，我必须正向思考所遇到的一切，通过正向思考来不断改变和调整自己。

家庭是幸福的港湾，但无论是父母还是子女，都可能制造出无数不幸福的因素，如果没能力去改变，就像今天我依然无法阻止母亲的抱怨、指责一样，唯一能做的就是修炼自己、提升自己，正向看待所有原先自己认为不幸的事物，通过正向引导来安抚自己，化解不好的情绪。

奥地利著名心理学家阿德勒说："幸福的人用童年治愈一生，而不幸的人却用一生来治愈童年！"但幸福的标准与定义都由自己决定，千万不要陷入他人对幸福定义的陷阱中。出生在富裕家庭就会感到幸福吗？出生在贫寒家庭就一定不幸福吗？并不是，关键在于我们怎么去想、去看待。下面，我就用自己的体验和感悟做一些分享。

1. 面对家庭贫困

处于负面思维时："我真的很惨，出生在这么贫困的家庭，命真的太差了！""我衣食住行，什么都不如人，到哪都觉得低人一等，我很难过，我很卑微，我自卑……"

处于正面思维时：因为家庭条件差，所以穷人的孩子早当家，我比别人更懂事，更能吃苦，更有担当和责任心；我会比别人提前承担家庭的责任，比别人经历更多的苦难，因此我能吃别人吃不了的苦，能承受别人承受不了的压力，比别人更有韧性，能屈能伸。而且，由于家庭贫困，我干的活也多，不像现在许多小孩，想要体验生活的不易，还要花钱去农场。由于干的活多，我的身体就比一般小孩的身体更棒，这对我来说，是一个巨大的恩赐。因为贫困，我更懂得珍惜，养成了节俭的好习惯；因为贫困，我更努力上进，才有了今天的成就。坦白说，我现在特别想让自己的孩子去体验一下我曾经经历过的苦日子，可惜他们没这个"福分"。

2. 从小被母亲指责、抱怨

负面思维："妈啊，真的好烦啊，我真的受不了，我会被骂蠢骂傻的。""好难受啊，你怎么除了骂我还是骂我，你为什么永远都像个啄木鸟一样要雕琢我，何时才是个头啊？""为什么我无论做什么都是错的，我怎么就这么没用，难受至极……"

正向思维：我的母亲永远都是那么关心我，永远为我着想，总能帮我发现我做得不好的地方。最近有一本书非常出名，叫《批判性思维》，很多人都说要学习批判性思维，而在我小时候母亲就已经"言传身教"，这让我养成了非常好的批判性思维习惯。真的是太棒了，感谢母亲！

在原生家庭里，总会有无数"相爱相杀"的故事上演，如果家庭成员都能用正向思维去理解和看待这一切，那么即使在贫困的原生家庭里，我们也可以过得很幸福；相反，即使再富裕的家庭，如果习惯用负面思维想事情，那么家庭成员也不会过得快乐！

清一清　无往而不胜 ﹥﹥﹥﹥

贫寒家庭的本质是物质的贫困，更是认知和精神的贫乏。

理一理 ▶▶我是如何看待自己的原生家庭的？

应用二：正向思考学习

故事主题：如何克服学历的焦虑

我从小就喜欢读书，爱思考，爱钻研，成绩也不错。可是由于家庭条件不好，我不得不主动选择了退学，因此正儿八经地考个好大学，感受大学校园的美好时光，也就成了我一生最大的遗憾！

从读一年级开始，我的 30 元学费就是父亲跟左邻右舍借的，后来每个学期都是老师担保。小学考初中时，我以全乡最好的成绩考上了初中。当时乡里共 100 多人参加小升初考试，只有 4 个人考上了当地最好的初中，我就是其中一个，成了全村的骄傲。

隔壁村一个跟父亲很好的朋友的儿子和我是同学，他们家也很穷，他没考上，最终多花了些钱，进了这所学校。父亲叮嘱我好好读书，不要落后于他，第二天父亲却对我说："你都是十三岁的人了，敢不敢自己去借学费？"

我不知所措，但我知道家里没钱，便坐车去隔壁镇里下井挖钨矿的亲戚家借钱。第一个亲戚是我爷爷的兄弟，我管他叫爷爷，晚上坐到 11 点半要睡觉了，我都羞于开口，不过想到马上就要开学了，便鼓足勇气说："爷爷，我是来找你借学费的，400 元。"他说他没钱，让我去隔壁我叔家借。我感到无地自容，也许他那时真没钱，我先找他也是因为他好说话，很讲义气。

晚上 12 点我到了叔叔家，说明来意后，他去镇里十字路口的店铺给我借来 400 块。那是我有生以来借到的第一笔巨款，我一直都非常感谢他。

第二天回来的路上，我开始沉思，现在读初一就这样，初二、初三呢？将来还要读高中三年、大学四年，一共十年，即使考上大学又怎样？父亲会不会累垮？两个小妹会有书读吗？她们是否需要提前辍学来支撑着我读完。我越想越伤心，泪水止不住……

从那时开始，我就慢慢开始抑郁了。我想读书，但我不能读书，心想：我的成绩必须不那么好，必须比那个同学成绩差。结果导致十五岁时人家给我取了个外号叫"老鬼"。开始我不知道人家为什么那样叫我，后来知道了，在极度的忧愁与焦虑下，自己变得非常沧桑，比现在的样子还老。

从那时我就开始想，怎样可以尽早不读。我想过初中不读书，但那样起点太低，挨过初中后，可以上两年技校，不参加中考。从那时起，我做得最多的便是思考人生之路……

后来，我去市里读了大专，想要半工半读完成学业，但是班主任不肯。班主任问我，为何要打工，是不是家里有困难，并告诉我说学校有特困补助。我居然含着泪说不是，后来助学金给了条件比我好的同学。也许是为了保持一份尊严，不想靠这种方式生存，也许是觉得这解决不了根本问题，总之就是不肯让老师去申请助学金。

学业未成，带给我很多遗憾，但更多的是焦虑、抑郁和自卑，我在很长一段时间里总觉得自己不如人，低人一等。这种遗憾和原生家庭的贫困、一路被指责所带来的伤痛是等同的。

步入社会后，我不敢跟人谈及自己读过什么书，只要听到"大学"这两个字，就想躲避，这种焦虑没办法化解。

无论是过去还是现在，孩子的学习，对于一个家庭来说都是最重要的事。自古以来人们都知道"学而优则仕"，通过读书改变命运是古往今来最传统、最靠谱的成长路径；同时，即使家庭条件再好，不好好读书与完成学业，也容易败坏与潦倒。无论是学习者本人，还是父母以及家庭的其他成员，都会因为读书成绩好而欢喜，更会因为成绩不好而忧虑，一些人甚至还会因为学业不成影响自己的信心。

以前，多数家庭经济条件都不太好，无法让孩子完成学业，这也是没办法的事，孩子也能心安理得地不读那么多书。可是当下我们已经具备了供孩子上学的条件，如果因为竞争激烈，孩子上不了好学校，读不了好初中，考不上理想的高中，考大学更无望，那么家长就会陷入焦虑中。为人父母的我，看到孩子学习成绩不好，也感到很焦虑。一次，我去上海参加一个行业展会，看到朋友后，我不问人家生意怎么样，而是问孩子学习成绩怎么样，只要听说谁的孩子成绩好，我就抓着不放，向他请教如何培养孩子读书。

学习成绩不好或没上大学带来的负面焦虑非常多，比如，会影响个人的自信程度。这是因为多数人都将成绩好等同于认知、智慧、能力、命运和未来。其实，成绩好不好，都只代表了孩子过去的学习效果，只代表在这种考试机制下的结果，或者只是孩子过往的环境的投射，并不代表孩子的全部智慧，更不代表孩子的能力，甚至不代表孩子的学习能力，更无法预示未来，因此而否认自我或孩子，很容易掉入自卑与焦虑的负向循环。

首先，接纳自己过往没条件去读大学的事实，这是无法改变的个人历史。

"学习使人进步""书中自有黄金屋"，读书确实可以使人增长知识、开启智慧、提高认知，但不会读书，尤其是不会选择图书内容，做不到去其糟粕取其精华，就很容易被过往和别人的思想所束缚，有些人甚至还会变成书呆子，越读越蠢。

　　写上述这些，并不是说读书无用，而是说我们要学会读书，要有选择地读书，将所读书中的知识融入实际，为己所用。千万不可小看读书的威力，书读多了，读好了，读精了，甚至可以助人做出一片开天辟地的伟业。比如一生以书为伴嗜书如命的伟大领袖毛泽东主席。

　　毛主席是真正践行活到老学到老的典范，我们都应该学习他的这种精神。

　　其次，学习应该伴随我们一生。因为即使考上了985、211等国内一流大学，我们也不一定会凤凰涅槃；没考上好大学，也不一定会一生无为、干不成大业。我们要活到老学到老，端正学习态度，认识到学习的价值，养成终身学习的习惯，让学习为人生目标的实现提供助力，为幸福生活提供帮助。

　　俗话说："读万卷书不如行万里路，行万里路不如阅人无数，阅人无数不如名师指路，名师指路不如自己去悟。"学习不止一面，读名牌大学、取得高学历也不代表有文化或有智慧，用辩证思维来看学习，从多维度、多方向去增长自己的认知，也是学习。因此，我们无须因一时的成绩或是否读过大学而自卑或有优越感，只有养成终身学习的习惯，才有能力面对变化的世界，让自己过上美好幸福的生活。

保持终身学习才是学习之道。

理一理 ▶▶ 我是如何看待上学读书对人一生的影响的？

_____

_____

应用三：正向思考工作

故事主题：职业生涯的经历是最宝贵的体验

2003 年 6 月 26 日，一个师姐跟我说她在江门一个工厂做人事，可以帮我安排一份工作。一直都想早点出来工作的我听到这个消息非常振奋，兴高采烈地找同学借了 50 元。经过一路颠簸，到了广州火车站，兜里只剩下 29 元。

由于是第一次到广州，下火车后我根本就分不清东南西北，到电话亭给我师姐打电话，却没有打通，我感到非常绝望。后来，我打电话给在广州上班的表哥，打算投靠他。见面后，在他的安排下，我住进了他的出租房。

　　我决定先解决生存问题，于是便在佛山找到了一份洗车的工作，虽然月工资只有300多元，但吃饭没大问题了。我从表哥家搬了出来，住进了洗车行。当时，洗车行共有两层，一楼洗车，二楼住人。二楼的空间很小，几乎只要一抬手，就能碰到楼顶。楼顶是铁皮做的，炎炎夏日，酷热难耐，简直就像躺在桑拿房里。现在想想，我都有些佩服自己，当时都不知是怎么睡的。

　　在那里工作了一个月，我决定辞职。表哥说我不懂事，问我怎么就不干了？我告诉他，我碰到一个来洗车的老乡，他给我介绍了一份广州做外贸的工作。表哥听了我的解释，也就不再阻拦。然后，我就去了那个老乡介绍的地方，结果人家说不招工，可能是觉得我不合适。

　　我只能又返回来找表哥。表哥带着我坐公交车去了广州体育中心，他告诉我这是广州最繁华的地方。我扫了一眼天河的高楼大厦，看了看中信广场，再看看周围……我感到无地自容。因为这是我第一次来到繁华的大都市，而我却什么都不会，既没有像样的学历，也没有经验。我两脚发抖，战战兢兢，觉得自己十分卑微，不配在这样的地方工作。只要有公司能给我一口饭吃，能让我学习东西，能在这里生存下来，我一定会感激不尽。

　　回去的时候，我在路边报摊买了一份《南方都市报》，回到出租屋就开始查看招聘信息。遇到适合自己的就做好标注，然后打电话联系；这期报纸看完了，再买下一期的……我不断地给各公司打电话，最终在珠江新城找到一份电话销售员的工作，底薪600元。这也许是我懂事以来最开心的一天。我很快就入职了，但由于自己负担不起房租，只能在老乡的员工宿舍睡了一年的地板，洗了一年的冷水澡。那时我没有宿舍锁匙，他们没回家时，我就只能从九楼楼顶绑根绳子从窗户跳进去。三个月很快过去，我一个订单都没接到，老板打算辞退我。我求老板再给我一次机会，他答应了。我知道自己没有退路，便使出浑身解数，不断努力，终于在两个月后做到了公司业绩第一。

一年后我的银行账户已经存了七八千元，在当时这样的收入已不错，可是我觉得那个行业太虚，想学点实实在在的东西。这时候，我想起了在校时老师曾经跟我们说过的一段话："21 世纪的人才基本要会英语、电脑、开车、计算机。"于是，我拿出所有的积蓄，买了一台联想笔记本，考了驾照，应聘到一家外国人开办的外贸采购公司工作。其间，我跟父亲说了自己的工作情况，父亲却不解，说工资那么多也不寄一分钱回来，隔壁小姑娘月工资 1000 元每月都能寄 900 元回来。我说，家里苦都苦了，再苦几年吧，现在寄给您也解决不了贫困的根本面貌，我要拿这笔钱去学习。

刚到外贸公司做采购，月工资只有 2000 元。我每天都要带着客户去市场找产品，从天河乘坐公交车到人民中路，需要一个多小时；每天的工作量非常大，但为了练英语，我还是坚持了一年。之后，虽然能月薪上万元，但我又辞了工。因为每天涉及的东西都不同，今天采购的是一集装箱牙签，明天可能就是衣服，后天可能是鞋子，无法术业有专攻。

一年后，我离开了繁华的广州，来到一家位于佛山偏僻处的实体工厂做起了外贸业务员，月薪 2000 元。虽然地理位置比较偏，收入不理想，但我可以在这里一边工作，一边学习产品研发与制造，学习销售技巧，出国了解国外的市场情况。掌握了一定的知识后，为了生存和发展，我再次主动离职。

2008 年，我和两个小伙伴拼凑了 5 万元在广州开了个小档口，可是由于是新市场，运作了半年时间，竟然没一个人上门，他们俩都不干了，剩我自己在苦苦支撑。一年后，好不容易接了个十几万元的大单，却收不到款，那时我还欠着供应商的款。那年春节，我不敢回家，也没钱买车票，觉得无脸见父亲。

在之后的两年时间里，我不断地摸爬滚打，掌握的产品知识越来越专业，生意慢慢好转，购买了小汽车，开办了小工厂，生意慢慢小有起色。赚了一些钱后，我开始做品牌，之后又做连锁专卖店，结果不仅亏了原来赚的所有钱，还负债 1000 多万元。这样的天文数字，对我来说简直无法想象。

2016年我收到很多人的起诉，官司缠身，车子被供应商压着，昏天暗地，那段时间可以说是我人生中的至暗时刻。想到自己好不容易从最底层白手创业取得一些成绩，一不小心又掉入了深渊，不仅将多年的心血化为灰烬，还负债很多，我无法承受这种失败，感到非常难受。现在只要想起那段时光，我都有些心疼自己。

但不服输的性子，促使我开始进行自我修复。后来，靠着多年的产品研发经验、对市场趋势的预判、家人的支持，以及自己对未来的信念和正向思考，我在2017年底再次做起了批发和电商生意。我吸取过去的经验教训，五年后不仅还完了债务，还拥有了自购的厂房、团队和品牌，再次翻身成功。

我的工作与创业经历非常底层和普通，故事中写得不算具体但无比真实，很多人可能比我更艰难，但我想通过分享自己的经历来启发大家，当在工作与创业过程中遇到困难与产生负面情绪时该如何面对。

进入社会后，为了择业，我迫于无奈，飘到哪就是哪，再次创业也是跌跌撞撞。

一路坎坷。我的日子过得不开心，充满了焦虑与恐惧。我觉得自己实在是太苦了，其中的辛酸只有自己知道。同时，我也有无数的愧疚。由于工作太忙，我根本就没时间去照顾父母和妻儿，更没有心境去谈生活，感觉今天还没进精神病院，都应该感谢祖宗的护佑。

一路披荆斩棘，一路跌跌撞撞。工作上带来的不得已，把我整个人的身心灵撕得粉碎。这种来自心理和精神的压力与考验非常折磨人，真不是一般人所能承受的。

回望过去，不管是就业、择业、创业、创业失败，还是再投资创业，走到今天，每一步都不堪回首，如果让我重来一遍，或者知道这么苦，多半都没有勇气再次选择。所谓的心灵鸡汤、成功学、心理课程等也无法安抚和滋养我的这份沧桑。

导致工作艰辛和失败的原因有很多，比如：环境不好、运气不好、能力不够等，但最核心的因素还是个人能力支撑不了自己的野心与梦想，本来只有100斤的力气，却要挑300斤的担子，压垮自己只是时间问题。欲望确实能驱使人进步，但如果不能客观地看待自己的能力，而是主观地"我想""我能""我要"，结果多半都不会如意。一旦无法达成目标，欲望与结果就会形成差距，让人产生很多负面情绪，如果无法化解，这些负面情绪就会成为达到目标的最大障碍。

我做过很多工作，每一份工作都如履薄冰，是梦想与长远目标驱使着我一直前行。我最开始的工作目的是改变家庭的贫困面貌，在没有任何准备和能力时只身前往社会大课堂；然后，为了累积认知，我就不断地调整工作。我之所以要白手创业，只是为了改变命运、实现梦想。一路走来，困难与苦难诱发的负面情绪不计其数，并一度让我无法释怀。

我一路走到今天，是因为具有了正向思考的能力，它帮助我不断调整和打败负面情绪，让我始终抱有信心。遇到困难时，我会提醒自己：现在遇到的问题都是小事、小问题，自己未来一定可以更好，目前的困难不算什么，即使欠点钱也是小钱。因此，虽然当时亏损 2000 多万元，负债 1000 多万元，对我而言，简直是个天文数字，但当时的我却坦然地接纳了发生的事实。我相信总有一天我能成为亿万富豪，那么现在欠的 1000 多万元也就不算个事了。同时，我感恩这件事幸亏没有发生在未来我成为亿万富翁时，否则我可能会亏损几个亿；也不是发生在五六十岁时，因为那时的我健康与动力可能没那么足，再遭遇这样的失败，多半就无法翻身了；而当时的我三十多岁，提前摔个跟头也许是好事……我慢慢地自我安慰着，重新找回了自己的力量。

用辩证思维来看，每个人都有自己的经历，唯有正向思考，这些经历才能转变成一种美好的感受；若没有正向思考力，可能就不会有这本书，因为用负面思维想事情，我无论如何都没有勇气再回忆一遍过往的经历。但用正向思维来看过往，每一处、每一次的遭遇都是美好的，正是因为这些经历，才让我的人生履历变得丰富多彩。

清一清 **无往而不胜** 　　　　　　　　　　　　　　　　　》》》》

导致工作艰辛和失败的因素有很多，比如：环境不好、运气不好、能力不够等，但最核心的因素是个人能力支撑不了自己的野心与梦想。

理一理 ▶▶ 我是如何看待和对待工作中的挫折的？

_____

_____

应用四：正向思考人际

故事主题：如何克服社交恐惧症？

我从小就患有社交恐惧症，最怕与人打交道，小时候家里来客人时，我会躲着不回家，等客人离开后才回家。上学时，我不会说话，非常自卑，怕人看不起，觉得自己不配与人做朋友，不敢与同学深交，更不敢与女生对视，总觉得自己家境不好。

171

走入社会后，我只敢跟各方面都和自己差不多或比自己差的人玩，遇到比自己优秀的人，我就远远地躲开；如果不得不说话，就眼神躲闪，担心对方觉得我说得不对，遭到对方笑话。

创业时，我不会主动与人结交，更不敢拓展自己的认知与圈层，总觉得那样做自己就有了企图心，会被别人看不起。这种想法经常让我战战兢兢，一说话就发抖。

我委屈而愚蠢地活在别人的眼光中，在乎别人的眼光而又自己定义着自己的样子。后来我才意识到，自己根本就没那么重要，别人根本不是这样认为的，只是我自以为是这样。

人际交往的能力是人与人、人与社会连接最重要的能力之一，涉及我们的工作、生活、家庭等场景，决定着我们能否跟他人和谐相处，是生活幸福的最重要的保障，甚至还是我们生存、发展的核心要素。你自卑、负向地看自己，谁又能正向、正眼看你？在与人相处的过程中，受到他人的轻视或辱骂，有些人会很生气；遭受了欺负，有些人会很愤怒。其实，无论是在学校、公司，还是在社区、家庭等，都存在很多矛盾，这些都是很平常的事，任何人都会遇到，只要处理好人际关系，就可以减少很多冲突。

自卑是社交恐惧症的核心。自卑的人一般都恐惧自己不被他人认可，不愿意与他人交往，容易压抑自己，不接纳自己，不敢成为自己，缺乏爱自己的能力，需要让他人来肯定自己。但从本质上来说，你自己都不爱你自己，自卑、负面地看自己，外人又怎会肯定你，甚至爱你呢？

每个人来到世界上，都是独一无二的，你之所以是今天的样子，是由过往的认知、经历、环境等因素决定的。如果你比较自卑，那么就从此刻开始，接纳自己的所有，用正向思维找到自己的发光点。你要相信自己，你也可以有所作为、有所贡献，也能活出自己的精彩。

与人交往时，既不要抬高他人，也不要贬低自己，要不卑不亢地与人接触。要牢记人与人之间是平等的，既不要自卑，也不要高傲。

人际交往的本质是交换。比如，情感交换、价值交换，因此不管遇到什么人、什么事情，都不要抱着索取的目的。俗话说："无欲则刚"，怀有正念、正心、正行，怀着一颗付出的心，以奉献为出发点，不为索取，则无畏结果。

如果有人高傲不凡、看不起你，你无须去讨好，敬而远之就好。

清一清 〉 **无往而不胜** ››››

每个人都是独一无二的，以奉献为出发点，不为索取，无畏结果，你将无往而不胜！

应用五：正向思考情感

故事主题：我是"屌丝"可以追她吗？

我表弟出生在一个贫困的农村家庭，家里条件非常差，成绩也一般，在广州上大学时，喜欢上一个女同学。女孩是本地人，家里条件非常好，长得很不错，成绩也一直名列前茅。我表弟非常喜欢她，想追求她，但考虑到自身情况，他又胆怯了，怕追不到丢人，怕别人说他"癞蛤蟆想吃天鹅肉"，但他又真的很喜欢她。他压抑着自己的感情，纠结焦虑，茶不思饭不想，无法集中注意力学习，纠结而苦恼。

我表弟之所以会这样，是他的自卑情结在作祟：

1. 觉得自己的原生家庭不如对方。

2. 觉得自己的学习成绩、能力不如对方。

3. 觉得自己长得很普通，是典型的"矮穷矬"，女孩却长得如花似玉，他觉得自己跟人家不般配。

4. 他怕对方拒绝后自己没面子，还担心别人说他"癞蛤蟆想吃天鹅肉"。

5. 担心对方根本不接受自己。

相信很多人在遇上自己喜欢的异性时，都有这样的体验：产生负面思维，只看到自己的不足，对自己没有信心，觉得自己不配，不敢追求自己想要的东西，只能错过，后悔终生。

针对表弟上面的几点顾虑，我给出了相应的正向思考的解决方法。

1. 关于家庭条件。原生家庭条件不如人是事实，但这个事实只代表过去，并不代表未来，未来你完全可以通过自己的努力去改变，让自己和自己的家庭生活得更好。

2. 关于成绩和能力。成绩与能力只代表过去的经历，或者当下的水平，完全可以通过加倍的努力、拼搏和奋进，让自己变得优秀卓越，超越自己，超越他人。

3. 关于长相。很多女孩选择男友，往往不太在意长相，更在乎品德、性格、三观、能力等，淳朴、老实、憨厚可能就是你吸引对方的闪光点。

4. 关于被拒绝。如果没追到女孩，那又怎样？最多回到原点，你也不会有什么损失。如果你真心喜欢她，即使没追到也没有关系，至少能知道姑娘喜欢什么、讨厌什么、需要什么，你哪些地方需要提升、需要进步，给自己找一个努力的方向，让自己离目标更近。

5. 关于不被接受。即使你条件一般，但只要付出了真心，对方也可能接受。还有一种情况就是，对方正好就喜欢你这样的，只是因为女孩的腼腆而不敢表露，只要你勇敢、大胆地去追求，完全可能收获属于自己的幸福。

在情感世界里，修炼自我的正向思考能力，关乎一生的能量与幸福。对自己没自信，不喜欢自己，还有谁会喜欢你？遇到自己喜欢的，就要大胆勇敢地去追求。当然，遇到情感危机时，也要正向地去处理和调整。

2007 年，我的一位美国朋友 Nadav 跟我说，他孩子读 5 年级时，班上所有的孩子都没跟亲生父母生活在一起，所有的父母都是离婚之后再婚的，有些孩子的父母甚至还经历了几段婚姻。

其实，当下的情感状况有很多种，除了多段婚姻，还有单身贵族以及恐婚族，他们或害怕结婚，或害怕情感冲突，或找不到合适的人，或害怕面临家庭责任与压力等。当然，很多人是离婚后变成单身的。分手或离婚后，如果有人问为何会如此？多数人都会说"感情不和，相互之间缺少理解与欣赏"之类的话，很少有人会提及柴米油盐。

如今，离婚率越来越高，单身者的比例也史无前例地逐渐提高，甚至还出现了一个新名词"单身经济"，衍生出很多针对这一群体的产品与服务。

单身者越来越多，主要原因是物质发展到一定阶段后，人们的物质需求被满足，开始追求情感与情绪需求，不会为了生活而委曲求全。当然，有些人则是害怕情感与情绪冲突，缺少承担情感、生活责任的智慧与勇气。

对于多数人来说，男女之间的情感维系，是一生中最重要的课题，也是最让人刻骨铭心的，决定着自己一生是否幸福。这主要包括：要和谁一起生活，需要组建什么样的家庭，是否生孩子，如何工作等。

在感情世界里，你既可能是受伤的一方，也可能是伤害对方的一方，还可能是被滋养的一方。从恋爱到结婚的亲密关系中，每个人都希望活出自我，都想让对方迁就自己，一旦缺少了理解、认可和欣赏，就会变成互不妥协，继而变得水火不容，到最后互相伤害。

恋人或爱人之间的相处，不和是正常的，和是不正常的。如何理解这句话呢？

首先，每个人都是独一无二的，在这种亲密关系里，两人长期相处，各自的优缺点都会淋漓尽致地展现出来，需要互相接纳。每个人的思维、认知、生活习惯、爱好等都不同，要允许对方的不同，努力发现对方的闪光点和优点，不能总盯着对方的不足，不能要求对方和自己一样，更不要强迫对方按照自己的意愿去活成你想要的样子。最重要的是，如果对方无论如何都变不成你想要的样子，或根本不想改变，就多反求诸己，调整和改变自我！

分享幸福婚姻时，世界首富巴菲特曾说，相互降低期望值才是幸福的秘诀。调低期望值，对方任何的付出都是惊喜；期望值过高，即使付出很多，收获的也是失望，继而演变成抱怨、不满等负面情绪。

社会的发展依赖于一个个和谐的家庭，而和谐家庭的基础是夫妻的和谐相处，夫妻之间的和谐则依赖于双方的情感发展。个人情感与家庭是组成世界的全部，不管遇上怎样的一段感情，首先得去遇见，勇敢地去表达、去相处、去沟通，即使过去曾受过感情的伤害，也不要怯懦或恐惧，而是要勇敢地去面对。与不同的人融合，你就会拥有更大的世界，当然，也意味着要承担更多、接纳更多。责任越大，需要包容得越多，你的能力就会越大，胸怀就会变得越宽广。

清一清) 无往而不胜　　　　　　　　　　　`>>>`

行有不得，反求诸己。

理一理 ▶▶我是如何看待失恋的？

_____

_____

应用六：正向思考财富

故事主题：如何面对财富的焦虑

前不久，我约了经营家具工厂二十多年的朋友李总喝茶聊天。疫情三年我们都没见过面，看到他时，我觉得他很颓废，无精打采，还多了不少白头发。

我问他最近生意怎么样，他有气无力地回答："还能怎么样啊，疫情没放开前还好些，放开后大家都在打价格战，出口难，内销更难。如今的我只要给钱就卖，能养工人就行，能维持也行。现在房地产行情不太好，几家大房地产公司都在负债经营，中小房地产公司更是倒闭无数，大家都没钱，房子也卖不动，我们家具行业还能好？大家的境况都不好，没听过几个赚钱的……"

聊到当下的生意，李总越聊越忧伤，对于未来的生意，他也毫无信心，整个人负能量满满。

听了他的讲述，我会心一笑。

他说："我这么苦，你还笑？难道有谁生意很好吗？"

我说："当下房地产低迷是事实，家具是跟随房地产发展起来的，影响确实很大。这几年需求饱和、产能过剩，按照原来的经营方式做当下的市场，确实很难赚到钱。但是，消极悲观，并不会对未来的市场有任何帮助，只会让团队成员更快地离开你，让客户离开你，没人会因为你愁眉苦脸而心疼你、同情你，市场也不相信眼泪。'危机'由两个字组成，'危'后隐藏着'机'，这个阶段终会过去，机会也会跟你不期而遇。

"其一，人们买房需求降低，是因为很多人都有几套房，但同时很多人还没有买房。

"其二，房地产低迷，买房的人相对变少，但人们对于美好生活的向往一定会越来越高，虽然不会再买那么多房子，但对居住的空间质量要求会越来越高，室内装饰装修的舒适性需求会越来越高；对家具如床、桌、椅、沙发、茶几、衣柜、橱柜等的外观和品质要求也会越来越高，更换得会更频繁，商家也能越卖越贵。

"其三，美国、意大利、法国、日本等发达国家，房子不再热销，需求不再旺盛时，家具反而越卖越好。国外的很多家具巨头，全球销售过百亿美元的有很多，如宜家家居，年营业额超3000亿元人民币，该品牌的营业额是中国前100家家具公司营业额的总和，你们工厂年产值只有几个亿，宏观市场跟你有多大关系？还有很多空间和可能性去创造啊！革命尚未成功，同志仍需努力！

"其四，当大家都很悲观时，背后一定隐藏着机会，比如当下短视频直播的营销渠道盛行，IP营销等就有很多新的机会，让你弯道超车。而且，这还是一个拓展业务的好时机，平常时期优秀人才很难找，这时候就非常好找。

"其五，家具卖场需要很多地方，好的地段平常大家都会争得头破血流，租金还很贵，这时候可以用便宜的价格租到大把好的地段，还可以趁机把不好的店面换到更好的位置。

"其六，如果你比别人更自信、更有前瞻性，内部团队、供应商和客户都会对你刮目相看，是你进行布局、赚大钱、实现超越的最好时机！"

李总瞪大眼睛，立刻有了精神："兄弟，你怎么这么能想啊，你不做家具，怎么比我想得看得都通透？佩服啊！真是那么回事啊，我得马上回去重新调整。"

我说："这就是我说的正向思考的威力。当你生意不好、赚钱难时，油然而生的负面情绪会把自己所有的理性和智慧都包裹起来，陷入人云亦云的状态，让自己不能自拔。从发展的眼光与目标去思考，永远都会有出路、有机会。"

当下正逢全球经济大萧条时期，各大经济板块历史上首次同时遭受重创，全球产业链、供应链运行受阻，贸易和投资活动持续低迷，各国虽然投入了数万亿美元进行经济救助，但世界经济复苏势头仍然不稳定，前景存在很大的不确定性。

在此背景下，人们对财富的焦虑更甚了，富人担心财富贬值过多，普通人担心赚不到钱，投资者则担心没有回报。

从上至下，茶余饭后，大家都在讨论经济萧条下的困境，在这样的大环境下，生意人不赚钱是正常的，真正能赚钱的人很少，大家似乎都很消极悲观。同时，很多人断供，负债人群越来越多，整日为债务愁眉苦脸，陷入了债务危机与深度的债务焦虑中，无法正常生活。

从大处说，全球经济萧条是客观事实，但即使是暂时的衰退，也阻挡不了浩浩荡荡的世界发展，即使是经济危机，也是未来繁荣富强需要走过的一步。正如 2008 年经济危机，或者任何国家所发生的经济危机，都是未来美好生活必须跨越的一步，不必为之焦虑，否则会错失更多的机遇。

每一次大变动，无论是对于国家或个人来说，背后都隐藏着巨大的机会。在流言与悲观情绪中，有些人人云亦云、随波逐流，有些人却在大变动中抓住机遇强大了起来。

从长远看，无论是世界还是国家，抑或个人，都是在不断往前发展的，都会变得越来越好。

我们应当以史为鉴，牢记物资匮乏、科技落后时受过的欺负，要坚持经济建设，努力创造价值，改变和超越自我。同时，发掘物质丰盛后的精神需求，保持自己的精神不被物质所腐蚀，让心灵和精神家园保持宁静、丰盈，让身心灵处于和谐健康的状态。这样，无论身处何种工作岗位，无论是做什么职业的，我们都会感到充实和幸福。

世界对于财富的理解，普遍指物质的数量，而人性的需求，除了物质，还有心理和精神的要求，都应纳入财富之列。

要想让自己的财富达到某种高度，我们就要好好提升自己的德行，俗话讲"德不配位""力不到不为财""厚德载物"等，都是倡导德行、能力与财富要匹配，否则过多的钱财反而会带来麻烦。

而当你的德行和能力都获得提升，且你也有幸收获了大笔财富时，你也应当将你的财富贡献出一些来回馈社会，这样做会更有利于之后财富的积累和能量的增强。

清一清) **无往而不胜** ❯❯❯

危与机永远同在。

以发展的眼光思考，永远都会有出路、有机会。

理一理 ▶▶ 我是如何看待财富的？

_____

_____

应用七：正向思考健康

故事主题：健康的焦虑

2022 年的秋天，我六十岁的堂爷爷到工地查看工程，一不小心从二楼摔下来，摔断了一根肋骨，而且伤到了脊髓，下肢没了知觉。想到他可能下肢瘫痪，全家人急得像热锅上的蚂蚁，到处求医。

堂爷爷非常好强，且爱面子，无法接受整天都待在轮椅上的生活。于是他对子女们放出狠话，说："如果我下半辈子只能在轮椅上度过，就给我一瓶农药，我不想被人照顾着过日子，那样太窝囊了……"

这天，我去看望他，发现他以往锐利的眼神不见了，变成了如今的暗淡无光。他心情低落，大家都不知道怎么安慰他，风光了一辈子的人，一下子变得无能为力，我都能感受到他的忧伤。

我跟他聊了一会儿，一边宽慰他，一边了解到事故的原委：脚底打滑，没站稳，一不小心就滑下来了。当时下面都是石头，幸亏屁股先落地，上身没被尖石头伤到，只摔伤一根肋骨，不过由于位置离心脏很近，因此非常危险。目前，这些问题都能解决，就是脊髓神经损伤的情况和造成的影响不确定。

我说："事情既然已经发生了，就将心放到肚子里，不要想太多，因为我们都没办法让时光倒流，所幸没伤到心脏，如果是头朝下落地，后果就更加不堪设想了，要往好的方面想。现在情况不确定，也不要焦虑，大家都在尽力，你也要保持积极的心态，争取尽快康复，现在医学这么发达，肯定能医好……"

听了我的话，堂爷爷想开了很多，恢复到了中气十足而又雄赳赳气昂昂的状态，整个人精神了很多。

很多人经常会说："不知道意外和明天哪个会先来。"是的，每个普通生命每天都可能遭遇意外，谁也无法拒绝。太阳底下发生的任何事情都可能发生在任何人身上，就像阳光雨露、风吹雨打，都是一种自然现象！拒绝接受已经发生的事，相当于不接受台风暴雨带来的伤害；同样，担心未来身体可能会出问题，会生病，会摔跤，会跌到撞到，也等同于害怕狂风暴雨、龙卷风、地震等人类无法抗拒的自然灾害，这样只会对我们的生活造成干扰。我们虽然改变不了自然现象，但可以调整面对困难的心境，提升自己抗风险的能力。

"塞翁失马"的故事很多人都知道。它讲的是，古时候，有一位养马的老翁，有一天他的马突然不见了，找了很久，也没找到。结果，一年后那匹马居然带着一匹小马回来了。小马驹长大后，老翁的儿子试着去骑，被马驹甩了下来，摔断了一条腿，邻居纷纷来安慰，老翁却说："谁说这就不好呢？"后来，塞外发动战争，到处都在征召壮丁，老翁的儿子因为残疾而免于一战。在这个故事中，邻居根据眼前发生的事情来判断老翁的遭遇，老翁却有着"焉知非福"的思想。此后，人们便用"焉知非福"来比喻一时受到损失不一定是坏事，也许之后会因祸得福。

现代医学常识告诉我们，身体的健康指标很容易检测与觉察，因此我们要定期做体检，以确保身体健康。

过去大家都忙着上班挣钱，没时间关注自己的身体健康，如今我们的生活条件好了，物质达到了空前的丰盛，因此有很多人开始关注自己的身体健康了。

我也曾无数次提醒自己，身体是1，所有的财富、认知、幸福、物质都是 0。我制订过无数次身体锻炼计划，还报了 36 节健身私教课，结果三年只完成了 8 节；我整天都说要跑步锻炼身体，可一年也没跑 100 公里……天天说健康重要，天天喊口号，就是没行动，最终不但没去锻炼，反而有了健康焦虑症。

一次，我在杭州建德陪一个好兄弟跑马拉松。这是他第一次跑这么远，我担心他跑不完，或身体出现不良反应，因此我说最后几公里去接应他，顺便跑完后给他拍照留念。

按照预计的时间，我在 39 公里处等着他。他跑过来时，跟预计时间差不多，状态非常好，我还兴奋地陪他跑了不到一公里。他的配速保持不变，慢慢地我却跟不上了，还没跑多远，他拐个弯后我就看不到他影儿了。在他跑完十几分钟后我居然还没跑完，而且已经气喘吁吁跑不动了。

这件事让我大受打击，真正"看见"了我自己的身体素质和体能。回到家后，我就发誓一定要跑步锻炼。

现实中，很多人都知道健康的重要性，但并没有真正重视起来。有些人直到卧病在床，才会意识到自己身体很差，需要锻炼；还有的人都病得卧床不起了，还意识不到自己身体不好，需要锻炼，只会觉得自己吃错了东西或运气不好；而有的人则觉得身体健康只关乎躯体，从不注重情绪、脾气等给身体造成的伤害。

健康是人生存的基础，失去了健康，就什么都没有了。因此在生活中，我们要时刻关注身体的健康，消除不利于健康的一切因素。

无论是跌倒摔伤，还是伤风感冒，或卧床不起的伤痛，我们都要先接纳它，然后积极就医治疗。同时，要把伤病的发生当作是健康生活的检视点，警戒和告知自己，该调整哪些生活与工作习惯了，以避免今后身体健康再受到影响。

清一清 无往而不胜

在生活中，要时刻关注身体的健康，消除不利于健康的一切因素。

理一理 ▶▶ *我是如何看待健康的？*

_____

_____

应用八：正向思考生活

故事一主题：妈妈做的菜不好吃！

朋友谷总在东莞创业很多年，事业有成，于是就把妈妈从湖南乡下老家接到东莞，跟自己一起生活。

谷总的妈妈非常勤快，不管他有没有回来，每天都会做他的饭菜，怕他回来后饿肚子……而谷总却嫌弃妈妈做的饭菜不好吃，经常不回家吃饭，于是第二天他妈妈就只好吃剩菜剩饭或将饭菜直接倒掉。

谷总发现这件事后，就直接和妈妈说她做得不好吃。妈妈非常生气，说儿子长大了，嫌弃自己了，吵着要回乡下。谷总感到非常苦恼，问我："怎么办？我是骗她不好吃也说好吃，还是含着眼泪吃，或者干脆不吃，还是直接叫她不要再做了？"

谷总的问题在于以下两方面：

1.谷总把自己当成食客，把妈妈当成厨师，用饭店的标准去衡量妈妈做的饭菜，确实会存在一些差距。

2. 谷总在广东工作了十几年，已经习惯了吃广东菜，比较清淡，妈妈做的却是湘菜，放很多辣椒和配料，口味比较重，比较油腻，因此他已经不太习惯妈妈做的饭菜的口味了。

针对这个情况，谷总该如何正向思考？

1. 妈妈六十多岁了，做饭菜的手法是几十年形成的，很难改变，既然不能去学做广东菜，那么你就只能调整自己吃饭的心境。

2. 调整自己的身份，你不是食客，妈妈也不是厨师，作为儿子，你就应该以儿子的身份去品尝妈妈做的饭菜。

3. 很多人事业有成后，都想把父母接到自己身边一起生活，但多数父母都不愿意来，因为他们已习惯于乡下的生活，那里有他们的朋友圈和生活圈，他们可以按自己的方式生活。妈妈愿意跟你一起生活，就已经是非常幸福的事了。

4. 妈妈能勤快地做饭菜，说明妈妈身体健康，随着年龄的增长，她给你做饭的次数可能会越来越少。所以妈妈给你做饭是一件很幸福的事情，你应该好好品尝妈妈做的每一餐饭，好好感受妈妈的爱和妈妈的味道。

5. 可以尝试正向沟通，跟妈妈说你想吃清淡些，想吃什么菜，给她菜谱，或者教她如何做出你想吃的味道。

故事二主题：孩子的教育焦虑

儿子豆豆读小学一年级，每天放学回来的第一件事就是找外公外婆要手机玩。他说："我上了一天学了，非常辛苦，玩手机放松一下。"大人也表示理解，一般都会让他玩会儿，但会跟他商量："玩半个小时，然后就去写作业。"可是，豆豆一玩就停不下来，让他写作业，他就不开心，即使写了也不专心，好不容易把语文写完了，又会偷偷摸摸地再玩一会儿手机，然后再写数学作业。手机和作业相互穿插，经常搞到晚上 12 点都没有把作业写完。我们都很生气，也感到非常苦恼。

孩子一般都喜欢玩手机，大人却感到很苦恼，怎么办？这简直就是一个世纪难题。

针对这件事，我深入思考了一下，孩子们喜欢玩手机背后的本质。

1.对于小学低年级的孩子，注意力维持三四十分钟就是极限。再加上他们自控力不强、手机游戏好玩等因素，就容易把作业扔一边专心玩手机，或一边玩手机一边写作业，使得写作业的效率很低。

2.写作业是一件非常枯燥的事，手机里的游戏和短视频却非常好玩有趣，孩子们自然就会选择玩手机，而不愿意写作业。

3. 这些游戏和短视频，都是专家、心理学家、学者等研发出来的，抓住了大众的兴趣点，投其所好，成年人都难抵诱惑，何况是年幼的孩子。

4. 现在平台算法都很精准，只要第一次在某平台搜索了自己感兴趣的内容，该平台就会源源不断地给你推送感兴趣的内容，孩子们很难从这些诱惑中走出来。

针对这个情况，我们该如何正向思考呢？

1. 不要焦虑，因为这是一个普遍现象，不要说孩子们喜欢玩手机，连大人也在玩手机。反之，如果孩子对手机里的内容提不起兴趣，反而会显得格格不入，你可能会更着急。

2. 手机里有很多内容也是有价值、有意义的，有助于孩子们拓展知识、提升认知。比如，一个星期天，我儿子跟着他妈妈去买菜，妈妈打算给他买鲍鱼和龙虾吃，然后说："做我的孩子多幸福啊！非洲很多小朋友连饭都吃不饱。"谁知我儿子听后却说："不是因为做你儿子幸福，而是做中国小孩都很幸福，因为中国有袁隆平爷爷研究出了杂交水稻。"我听后感到很惊讶，因为这样的知识我们没有教，学校也没有教，是他从手机上学的。

3. 与其抗拒手机，不如拥抱手机。作为家长，可以帮孩子养成良好的使用手机的习惯。比如，让孩子先把作业写完，然后再安安心心地玩手机；不要让孩子偷偷摸摸地玩，要光明正大地在正常的光线下玩；同时提醒孩子玩手机时要跟手机保持一定的距离，保护好眼睛，养成良好的用机习惯，不要一边玩手机一边写作业或一边吃饭。

4.不要拒绝手机，可以在手机上帮孩子挑选一些优质内容。比如，可以让孩子看更健康、更快乐的内容，有助于学习的内容，有助于成长、有意义和有价值的内容，来扩大他的知识面。

望子成龙、望女成凤是每个家长的期望，也正是这份期待引发了家长的焦虑，驱使着他们不畏辛劳地把孩子养大，完成他们身为家长的责任与使命。其实，身为家长，我们不必那么焦虑，因为随着社会的发展与进步，每一代人都会比上一代人更聪明、更智慧，每一代人都有属于自己的机会和要做的贡献，只要尽自己的责任和能力即可。

幸福的生活是普通人一生所求。我们的生活都是由一件件小事组成的，这些微小的事情组成了幸福的人生。然而，无数人却会经常因为一些小事而引发负面情绪，让自己陷入愁苦之中。

也许是下楼看到有人乱扔垃圾心里不爽，也许是早上出门时被老公催促了一下而烦闷，也许是被父母唠叨了几句而郁闷，也许是因为孩子玩手机不写作业而生气，也许是因为孩子成绩不好而焦虑……总之，每个人负面情绪引发的点都是不同的。

可见，在我们的生活中，负面情绪的出现和存在都是普通的，我们每个人都无法回避这种情绪的侵扰。在这样的情况下，要想获得幸福的生活，就要不断调整自己的心境，调整自己看问题的角度，用正向思考的智慧，勇敢地面对每一个问题，化解每一次负面情绪的侵袭，欢喜地迎接所有的遇见，成就更好的自己！

清一清　无往而不胜　>>>>

随着社会的发展与进化，每一代人都会比上一代人更聪明、更智慧，每一代人都有属于自己的机会和要做的贡献，每一代人都会有不同的生活方式。

所有的努力，终归是为了更好地生活！

理一理 ▶▶ 我是如何对待生活的？

_____

_____

结束语

非洲草原上有一种吸血蝙蝠，依靠吸食动物的血生存，它们喜欢叮在野马的腿上吸血。无论野马怎样暴怒、狂奔，都拿吸血蝙蝠没办法，不少野马被活活折磨而死。动物学家研究后发现，其实吸血蝙蝠在野马身上所吸的血量极少，不足以使野马死去，野马死亡的真正原因是它们的暴怒和狂奔。

因此心理学上有个词语，叫"野马效应"，讲的是打败我们的并不是事情本身，而是因这件事情所产生的负面情绪。对于野马来说，吸血蝙蝠只是一种外界挑战，而野马对这一外因的剧烈情绪反应是造成它们死亡的最直接原因。

很多时候，我们就像无辜的野马，莫名其妙地吸引了吸血蝙蝠来吸自己的血。我们为此感到愤怒，但愤怒不会改变现实，只会让我们的智商降低。其实这时候，我们完全可以远离蝙蝠，到一个没有蝙蝠的地方生活；或让自己变得强大起来，做好防护，让蝙蝠无法靠近我们。

在生活和工作中，遇到不顺心的事，大多数人都会在不经意间被自己的情绪所操控，或暴跳如雷，或怒不可遏，殊不知这样非但不利于事情的解决，时间长了还会严重危害自己的身体健康，造成心理和精神的自我伤害，如不及时调整甚至会陷入恶性循环，引发身体疾病。

"野马效应"也从另一个方面提醒我们，坏情绪的危害极大。为了避免自己掉进"野马效应"的泥淖，就要控制好自己，将坏情绪赶走，做情绪的主人，保持积极向上、乐观豁达的心境，不给外界提供干扰情绪的机会。

我有一个朋友的老婆是个完美主义者，什么事情都规规矩矩、井井有条、非黑即白，家里东西的摆放都要整整齐齐，眼里容不下一粒沙子。朋友刷牙挤牙膏时总是随心所欲，捏到哪就从哪儿挤，结果遭到老婆无数次的责骂："为什么不从后面整整齐齐地挤，看着糟心，让我心情坏透了。"朋友却说："随意挤牙膏，你不觉得每捏一次都是一次艺术的呈现吗？"就因为这件小事，两人争吵不休，甚至闹到要离婚。

从这件小事可以看出，我们都无法要求他人按照自己的意愿去行事，去理解自己、欣赏自己；我们更无法控制别人的无理取闹或莫名其妙，也不可能让每个人都尊重自己，反而可能会遭到无数指责、冒犯甚至恩将仇报。这些都是正常现象，每个人都无法避免。

须知，不是因为我们自己太差，而是别人站在自己的视角看问题造成了认知差别。因此，我们无须将每个人、每个评价都放在眼里，那样会让我们显得很渺小。面对不友好的人时，明智的做法应该是：要么视而不见，要么远离，没有必要生气。

无论对方是谁，即使是关系最亲密的伴侣、儿女、兄妹、父母、伙伴、朋友、客户等，在某些时候都可能让我们觉得莫名其妙，都会毫无依据、毫无预兆地带给我们负面情绪，此时，我们唯有不断地进行自我调整与修复，包容一切，才能让自己变得更强大。

当你足够强大时，会允许别人对你不尊重；而当你不够强大时，别人不尊重你，你会感到痛苦和生气。因此，我们要努力让自己变得更强大！

当生活中有困难来袭时，外界因素往往不是决定性因素，导致危机的真正原因是我们内在情绪的失控。研究表明，导致免疫系统出现问题的情绪排名依次是：生气、悲伤、恐惧、忧郁、敌意、猜疑。负面情绪带给我们的伤害多半会超过任何不健康的食品、意外事故、贫困等。

拿破仑说："能控制好自己情绪的人，比能拿下一座城池的将军更伟大。"《羊皮卷》中指出：弱者任思绪控制行为，强者让行为控制思绪。不管你能力有多强，只要不能控制自己的情绪，就是情绪的奴隶。遇到问题，静得下心，不被情绪扰乱自己的心绪，能做到"泰山崩于前而色不变"的人，才是控制情绪的高手。

当下不少人患有抑郁症和焦虑症，均源于生活中的负面情绪，或是因为不能和过去和解，又或是对变化的未来不够自信。为了消除抑郁和焦虑，医生和心理学家给出了无数的配药和调整心态的方案，但患者不断地重复治疗，也只不过是在不断地提醒自己患有抑郁和焦虑症而已。

既然医生和心理学家给出的治疗方法不一定管用，那么我们就要试着从根源上消除抑郁和焦虑情绪。而正向思考，是以发展的眼光、进化的思维，引导我们换个角度、身份、视角、时间等看问题，让原本可能让人产生负面情绪的因素变成积极因素，或者找到有利于事情往好的方向发展的方法，帮助大家更好地生活，做最好的自己，并在不断的修炼中养成正向思考的习惯。

后记

在本书的最后，我想借此感谢我生命中最重要、最慈悲、最善良的父亲。

在此书完成不到一半的时候，父亲因为积劳成疾心脏病突发离我们而去，我在万分悲痛和怀念的心情下写完了此书。希望此书能够表达我对他的思念：您赋予了我们生命和智慧，让我们得以有今天的生活条件、事业成果；您用肩膀担起家庭所有的重担，是您这种无言的教育，教会了我们什么叫责任、什么叫爱、什么是正向思考！

我曾经冥思苦想，为什么您一声招呼都不打、一句交代的话都没有，就这么洒脱地离开了我们？后来我想通了，这是您一直教育我们的方式，"没有言语，只有行为"。您觉得我们长大了，就用静静而又洒脱、突然的方式离开，告诉我们年轻时透支健康对身体的伤害，教育我们应该注重健康，要爱护自己，对自己负责任……

我知道，无论我们多么悲伤痛苦，流多少眼泪，也不管用什么方式悼念您，都不及我们让自己身体健康、生活幸福、爱自己、对自己和家人负责，让您感到更加欣慰。因为对您来说，您一生的责任和使命就是为了儿女！因此，在您离开后，我做的第一件事情就是去体检，坦然从容地面对身体的健康指数并做出相应的调理，努力让自己的生活变得规律起来，早睡早起，以回报您无言的教导，传承您慈爱、负责任的精神。

我想，这就是我们对您最好的思念与感恩，也是这本书所倡导的核心思想——凡事正向思考！

在此，儿女们想对您说："谢谢您，对不起，我爱您，您永远在我心里！"

记忆中，无论生活多么艰苦，您永远都保持微笑。家里揭不开锅，每学期开学交不起学费，您总是保持着那份淡定，说"总有办法……"从四年级开始，我每个学期的学费基本上都是找老师担保，左邻右舍、亲朋好友都被您借遍了。您离开后，我们三兄妹在柜子里找出了三袋子已经发黄的借款记录，从八几年到2000年，有 20、50、150、300、500、800、1000 元不等的借款记录，还有信用社的催款记录，以及赊账。

我们一直知道家里很穷，但没想到穷到这个程度。您不告诉我们，独自将所有的贫苦包裹起来，传递给我们的却是："我们虽然穷，但比很多人都好过，能吃饱，能穿暖，再困难也能想办法读书……"

您是我们学会正向思考真正的导师，您的这份精神无形中传承给了我们，让我们受用终身。谢谢您，我亲爱的父亲，感谢您的爱！

曾经，我无数次对您有忤逆，大声说话，甚至把脾气都留给了家里，有了心事和心里话，也从不和您交流，无论是欢喜还是忧伤，都没有与您分享过。除了物质上的支持，我并没有和您有过太多的心理沟通，也没有对您进行过太多的照顾，我感到非常后悔。亲爱的父亲，真的非常对不起！亲爱的父亲，我爱您，永远！

无论用任何言语，都无法表达您离去后我心里的悲痛与怀念；无论我如何忏悔，如何表达对您的思念与爱，您都不会再给我回应，唯有将您放在心里，才能永不相离！

再一次对父亲说：谢谢您，我爱您，在心里，永不离！

最后，愿天下所有人对父母不留遗憾，只有"谢谢您，我爱您"！

愿天下所有父母都身体健康！

生活总会给我们许多想要拒绝而又拒绝不了的东西，比如，生老病死、工作的不如意、生活的磕磕绊绊、情感的伤害等，而这一切终将会过去。它们都是我们生活与生命的重要组成部分和体验，也是我们一生需要不断去面对的，唯有接纳这一切，感恩所有的遇见，才能让自己拥有更大的力量，过上更好的生活。

愿所有人凡事都能正向思考！